责任 忠诚 激情

（第3版）

造就优秀企业和员工的三个准则

蔡 践 ◎ 编著

中国纺织出版社有限公司
国家一级出版社
全国百佳图书出版单位

内 容 提 要

责任、忠诚、激情是成就优秀员工的三项重要品质，具备这三项优秀品质的员工，会成为企业需要的员工，并能极大地推动企业的发展，使之成为优秀的企业。同时，责任、忠诚、激情也是企业的凝聚力之魂，动力之源，是员工在企业中实现自身价值、取得成就的助推器。本书以说理、举例、讨论的形式阐述了责任、忠诚、激情三方面的内容，是造就优秀企业和优秀员工的极佳指南，也是员工培训和员工自修的实用读本。

图书在版编目（CIP）数据

责任 忠诚 激情：造就优秀企业和员工的三个准则 / 蔡践编著. --3版. -- 北京：中国纺织出版社有限公司，2021.7（2022.7重印）

ISBN 978-7-5180-8594-1

Ⅰ. ①责… Ⅱ. ①蔡… Ⅲ. ①责任感—通俗读物 Ⅳ. ①B822.9-49

中国版本图书馆CIP数据核字（2021）第102133号

策划编辑：于磊岚　　特约编辑：张　瑜　　责任印制：储志伟

中国纺织出版社有限公司出版发行
地址：北京市朝阳区百子湾东里A407号楼　邮政编码：100124
销售电话：010—67004422　传真：010—87155801
http://www.c-textilep.com
中国纺织出版社天猫旗舰店
官方微博 http://weibo.com/2119887771
北京通天印刷有限责任公司印刷　各地新华书店经销
2021年7月第1版　2022年7月第3次印刷
开本：710×1000　1/16　印张：13
字数：177千字　定价：48.00元

凡购本书，如有缺页、倒页、脱页，由本社图书营销中心调换

前言

在竞争激烈的当今社会，在人海茫茫的现实职场，每个人都在为自己的一席之地而苦苦打拼。放眼望去，公交上，地铁上，上下班的人流中无不汇聚着潮水般匆忙的身影。

现实中，我们不难看到有的人在打拼过程中不断提升，为自己的职场生涯画上了亮丽的一笔，而有的人却停滞和后退，甚至陷入迷茫潦倒之中。造成如此不同结果的原因何在呢？

有的人会将此归结为运气，其实万事有因，成功的人一定有成功的理由，一定有自己内在的思维积淀和出色的精神世界。

职场是生存与发展的平台，精英是在平台上闪亮耀眼的光环。如何让自己成为精英呢？最准确的答案就是——责任、忠诚、激情。

之所以这么说，是因为企业的兴衰成败，首先维系于员工的责任心，责任心决定忠诚度和激情，而你的责任心，是干好事业的前提和保障；忠诚是维系成败的关键因素，而激情则是超越自我的力量和勇气。责任、忠诚、激情，是员工最优秀的特质，是每个企业都热衷青睐的核心元素，也是企业稳健发展、立足制胜的法宝。

无论做什么事，责任是第一位的，是一种态度，也是一种天职。林肯说："每一个人都应该有这样的信心：人所能负的责任，我必能负；人所不能负的责任，我亦能负。如此，你才能磨炼自己，求得更高的知识而进入更高的境界。"当一个人能够意识到自己的责任时，便能在完善自我的路上迈出一大步。所以美国第 28 任总统威尔逊这样诠释责任的意义："责任感与机遇成正比。"责任是职场上走向成功的阶梯。

再说说忠诚，其实有了责任心，自然会增强忠诚度。忠诚是一种品德，是一种与企业同舟共济，把自己的命运与企业的命运紧密联系在一起的美德。俗话说："忠诚是做人之本，更是成功之基。"可见，忠诚对一个员工是多么的重要。在当今社会激烈的市场竞争中，没有人愿意与不忠诚的人打交道。员工对企业忠诚，受益的不仅仅是企业，更多的是员工自己。因为对领导、对事业的忠诚一旦养成，就会让你成为一个值得别人信赖的人，一个值得被委以重任的人。

至于激情，它是一种强烈的情感表现形式。一个成功的职场人，一定是一个在工作中始终保持激情的人，在激情的支配下，常能发掘出巨大的潜力，从而转化为工作效率和能力。德国哲学家黑格尔说："没有激情，世界上任何伟大的事业都不会成功。"对于员工来说，没有激情就没有能量去战胜工作中遇到的困难，没有激情就没有力量在职场上打拼，没有激情就难以做出骄人的业绩……所以，公司上上下下都会喜欢有激情的员工，也只有拥有激情的员工，才能成为精英。

可以说，责任、忠诚、激情是成就优秀员工的三项必备品质，是员工职场成功的三大法宝，是员工体现自身价值的三个坐标，是让企业发展壮大的三块基石。

那么，具体该怎么做呢？《责任 忠诚 激情——造就优秀企业和员工的三个准则》以说理、举例、讨论的形式详细阐述了这三方面的内容。责任、忠诚、激情，三个要素密不可分，相辅相成，身体力行地去践行，就会迸发出无形的力量，由此足以向你的企业证明你是一个可担大任的精英。

编著者

2021 年 4 月

目录

上篇 责任心有多强，人生的舞台就有多大

一、一个人的成就源于对责任的担当 / 2

1. 守住责任，就守住了工作的使命 / 2
2. 做好本职工作是最基本的要求 / 4
3. 注重责任是每个员工的义务 / 6
4. 责任心是员工职业道德的核心 / 9
5. 责任是实现自我价值的必由之路 / 12
6. 优秀员工的标准就是具备责任心 / 14
7. 责任胜于能力，责任提升能力 / 17

二、把平凡的事做好就是不平凡 / 19

1. 琐事之中孕育着责任的种子 / 19
2. 魔鬼存在于细节之中 / 22
3. 不信守责任会断送自己的发展机会 / 24
4. 做好小事的员工，才能托付大事 / 26
5. 细节是必须关注的焦点 / 28
6. 优秀员工应该养成注重细节的好习惯 / 30

三、在工作中，一定要敢于担当 / 33

1. 承担责任是职业生涯的最好财富 / 33
2. 承担属于自己的那一份责任 / 35

3. 优秀的员工会对自己工作的结果负责 / 38
4. 工作，就意味着你必须担负责任 / 40
5. 责任感的高低往往决定绩效的好坏 / 43
6. 做解决问题的员工 / 45

四、尽心尽力，工作主动不找任何借口 / 48

1. 履行职责的程度反映了对企业的忠诚度 / 48
2. 糊弄工作就是糊弄自己 / 51
3. 职场中没有"份外"的工作 / 54
4. 主动工作，自然会脱颖而出 / 56
5. 不为放弃找理由，不为责任找借口 / 59
6. 不要让借口耽误了你的发展 / 62

中篇 忠诚是立身之本，它决定你的前途

一、忠于企业是员工的必备品德 / 66

1. 任何时候，忠诚都是一种美德 / 66
2. 忠诚让你具有人格的力量 / 69
3. 忠诚是个人的立身之本 / 71
4. 忠诚是抵挡诱惑最坚实的盾牌 / 73
5. 忠于上级，但不是盲目服从 / 75
6. 忠诚决定你在企业的地位 / 78
7. 忠诚是感恩之后注定会发生的行为 / 81

二、忠于上司：心正为忠，行真为诚 / 84

1. 对组织忠诚，对领导忠心 / 84
2. 从心底认同你所在的企业 / 86
3. 优秀员工忠于自己的团队 / 89
4. 学会用欣赏的眼光看待上司 / 92

5. 不离不弃，与老板同舟共济 / 94
6. 一盘司的忠诚相当于一盘司的智慧 / 96

三、尽忠职守，干一行爱一行 / 99

1. 不管多难，都要热爱你的工作 / 99
2. 如果不够敬业，你就做不好工作 / 101
3. 优秀的人总会保持敬业的职业态度 / 103
4. 敬业，是优秀职场人的灵魂 / 106
5. 脚踏实地，干一行爱一行 / 108
6. 敬业是职场最需要秉持的信仰 / 111

四、珍惜你的职业平台，处处为公司利益着想 / 114

1. 把节约当作忠诚的一种习惯 / 114
2. 坚决维护公司利益和荣誉 / 116
3. 忠诚必须体现在工作行动上 / 119
4. 与企业同呼吸共命运 / 122
5. 公司的危机是表现忠诚的机会 / 124
6. 让工作结果超出报酬 / 127

下篇 对工作有激情，你的职场会更精彩

一、别让激情的灵魂丢失 / 132

1. 激情催人奋进，是工作的灵魂 / 132
2. 激情的人总能高效地完成工作 / 135
3. 让激情引爆你对工作的热情 / 137
4. 工作的进步，就是不断地发掘激情 / 139
5. 激情能把复杂的工作变得简单 / 141
6. 用激情点燃自己的工作 / 145

二、全力以赴，你才能笑傲职场 / 148

1. 勇于学习，不断超越 / 148
2. 用高度的职业化对待自己的工作 / 151
3. 把每天都当成上班的第一天 / 154
4. 只为成功找方法，不为失败找借口 / 156
5. 面对困难勇往直前，敢于接受挑战 / 158
6. 拒绝拖延，不要把今天的事留到明天 / 160

三、不断进取，争做一流员工 / 164

1. 成功的职场，属于勇于开拓的人 / 164
2. 自我革新，不要扼杀进取精神 / 167
3. 不断充电，才会快速超越自我 / 169
4. 注入创新，增强自身竞争力 / 171
5. 超越他人，更要超越自己 / 174
6. 挑战工作压力，就能获得动力 / 177
7. 善于从错误中学习、成长 / 179

四、用专业精神托起肩上的担子 / 183

1. 由内而外，全面造就专业精神 / 183
2. 专业精神决定一个人的工作品质 / 185
3. 专业技能决定了你的职业价值 / 187
4. 专业态度是有力的竞争力 / 190
5. 在职场上做一等的专才 / 193
6. 专业化的企业需要专业化的员工 / 195

参考文献 / 198

上篇

责任心有多强，人生的舞台就有多大

责任心是一种重要的素质，是做一名优秀的员工所必需的品德。责任心是晶莹的露珠，折射出精神的光芒；责任心是炙热的岩浆，喷发出无穷的潜能；责任心是厚重的砝码，真实地称量出人生的价值；责任心是坚硬的磐石，为你铺好追求理想的光明大道。一个有责任心的人，能体会和领悟到工作的乐趣，并能发挥出自我最大的潜能。

一、一个人的成就源于对责任的担当

责任是天赋的使命，一个人无论担任何种职务，做什么样的工作，都要对本职负责，这是社会法则，是道德法则，也是心灵法则。当我们坚守责任时，也是在坚守人生最根本的义务；坚守责任，就是守住生命最高的价值，守住人性的伟大和光辉。一个人有了责任心，他的生活就会闪光；就拥有了至高无上的灵魂；一个人有了责任心，在别人心中就如同一座有高度的山，不可逾越，不可移动；一个人有了责任心，世界才会因你而更精彩、更迷人！

1. 守住责任，就守住了工作的使命

责任是一个永恒的话题，自古至今，责任作为备受人们关注和推崇的核心价值理念，体现着我们最基本的职业操守和职业精神。

责任，作为天赋的使命，是职场上对工作的忘我坚守，是我们实现人生价值和理想的前提。责任是一种重要的人生态度，同时也是一种可贵的职业精神。无论在什么地方，无论做什么事情，那些能够重视责任和使命、坚守自己职责的人，必将赢得别人的尊重。

正是责任，让我们在困难时能够坚持，在成功时保持冷静，在绝望时懂得不放弃。当我们接受一份工作时，也就意味着承担了一份责任。可以说，世界上没有不需要承担责任的工作，也没有不需要完成任务的岗位。

身在职场，舞台便是你自己的舞台，工作也是你自己的工作，你必须对自己所扮演的角色负责。

硕士毕业后，小雪应聘到一家外企。她每天上班的工作就是：拆应聘信，翻译；翻译，拆应聘信。如此反反复复，量大枯燥，索然无味，可小雪不急不躁，一直耐心仔细地做。一年后，小雪意外地被提升为人事部经理。升迁的理由是：一个名牌大学毕业的硕士生，竟然能忍受每天千篇一律地拆信，不厌其烦地认真整理信件，把有价值的信息梳理汇总及时地报给上司，这充分显示出了她做事负责、敬业而不浮躁的职业精神。

总裁给出的个人意见是：小雪能够尽职尽责，忠于职守，在自己的岗位上，把别人眼中看似不重要的平凡之事完成得非常出色，企业需要的就是这样放到哪里都能发光的人。从平常履行职责中可以看出一个人的工作精神和习惯，也可以看出其是否可以堪以大任。小雪理所应当是这一批应聘者当中的第一位升迁者。

每个老板都很清楚自己最需要什么样的员工，哪怕你是一名最普通的员工，只要担当起了自己的责任，你就是老板最需要的员工。因为，只有那些能够承担责任的人，才可能被赋予更多的使命，才有可能不断获得提升。一个缺乏责任感的人，首先失去的是社会对自己最基本的认可，其次失去的是别人对自己的信任与尊重。人可以平凡，但不可以不负责任。要想成为一名优秀的员工，就应该主动去承担责任。

在任何一家公司，只要你努力工作，认真、负责地对待每一件事情，你就会受到尊重，从而获得更多的自信心。不论你的工资多么低，不论你的老板多么不器重你，只要你能忠于职守、毫不吝惜地投入自己的精力和热情，渐渐地你会为自己的工作感到骄傲和自豪，也会赢得他人的尊重。以主人翁和胜利者的心态去对待工作，工作自然就能做得更好。

2. 做好本职工作是最基本的要求

在职业生涯中，对工作负责是最基本的要求。我们常常都能听到这样的话，"这不归我管""我尽力而为吧""我很忙，实在没时间想那么多""经理，我们试过了，没办法"。其实很多时候的很多事，并不是不会做、没办法做，而往往是不想对做事的结果负责。

无论做什么工作，首先要把自己的本职工作做好，同时学会享受工作，享受生活，保持愉快的心情。

毕加索曾说："我工作时觉得舒服自在，无所事事或谈天说地令我困倦。"或许我们不像毕加索，但是我们仍可以尽力找出能令我们感兴趣的事来，把许多游戏时愉悦的心态带到工作中，把工作视为休闲，这似乎就是所有成功者的工作态度。我们知道，爱充满爱情、婚姻、工作、事业、亲情、友情等各个领域，在工作中，责任要求我们对所从事的事业满怀崇敬和热爱，以高度的热情和事业心投入本职工作，实现工作的卓越和自我的超越。责任是员工的立业之本，是组织最需要的一种精神品质。

对工作感兴趣，对自己大有好处，能使自己从中获得加倍的快乐，还可以把疲乏减至最少，并帮助自己享受闲暇时光。一个不重视自己工作的员工绝不可能受到别人的尊敬，也绝不可能把工作做好。一个人即使没有一流的能力，但只要你拥有责任心，同样会获得人们的尊重；即使能力无人比及，却没有基本的职业道德，也一定会遭到社会的遗弃。

通常新职员进入公司要从最底层干起，志向高远的人可能会很失望，这是非常错误的想法。公司不是慈善机构，既然支付薪金聘请你，自然就认为你所承担的工作别人无法替代，你的劳动成果的重要性是毋庸置疑的。

年轻的洛克菲勒最初在石油公司工作时，既没有学历，又没有技术，被分配去检查石油罐盖有没有自动焊接好。这是整个公司最简单、最枯燥的工序，同事戏称连3岁的孩子都能做。每天洛克菲勒看着焊接剂自动滴下，沿着罐盖转一圈，再看着焊接好的罐盖被传送带移走。半个月后，洛克菲勒忍无可忍，他找到主管申请改换其他工种，但被回绝了。无计可施的洛克菲勒只好重新回到焊接机旁，既然换不到更好的工作，那就把这个不好的工作做好再说。

洛克菲勒开始认真观察罐盖的焊接质量，并仔细研究焊接剂的滴速与滴量。他发现，当时每焊接好一个罐盖，焊接剂要滴落39滴，而经过周密计算，结果实际只要38滴焊接剂就可以将罐盖完全焊接好。

经过反复测试、实验，最后洛克菲勒终于研制出38滴型焊接机，也就是说，用这种焊接机，每只罐盖比原先节约了一滴焊接剂。就这一滴焊接剂，一年下来为公司节约出5亿美元的开支。年轻的洛克菲勒就此迈出了日后走向成功的第一步，直到成为世界石油大王。

一台机器的正常运转，依赖所有部件毫无故障地发挥作用，假如某个齿轮或螺丝钉突然失灵，整台机器都会连带受损甚至停转。企业和员工的关系也是这样，如果员工消极怠工，对于整个工作的进程和效益必然会产生或大或小的不利影响，有时也可能会误大事。

工作中每个人都有不同的分工，有些人负责一些比较重要且引人注目的工作，另外也有一些人负责的是常被人们忽视的琐事。假如正好是担任这些不受到重视的琐事，你或许很容易就感到沮丧。沮丧起来或许就会忽视自己的职责，这样一来就会很容易出错，一出错就会销蚀自己的自信，然后问自己："我这是怎么啦，连这么无聊的活儿也做不好！"

皮尔·卡丹曾说："真正的装扮就在于你的内在美。越是不引人注目的地方越是要注意，这才是懂得装扮的人。因为只有美丽而贴身的内衣，才能将外表的华丽装扮更好地表现出来。"皮尔·卡丹的装扮理论用在工作上同样富有哲理,越是不显眼的地方越要好好地表现,这才是成功的关键。

3. 注重责任是每个员工的义务

爱默生说过:"责任具有至高无上的价值,它是一种伟大的品格,在所有价值中它处于最高的位置。"

社会学家戴维斯说过:"自己放弃了对社会的责任,就意味着放弃了自身在这个社会中更好的生存机会。"同样的道理,作为公司中的一员,如果放弃了对公司的责任、对社会的责任,也就是放弃了在公司中更好发展的机会。

一个人对工作不负责任的话,他便什么也做不到了。责任就是生活的一部分,当你抛弃责任时,你就会被生活抛弃。当一些人在懈怠自己的责任时,当一些人只抓手中的权力与利益,而忘记身上的责任时,他们必将会被生活所抛弃。

常见有人指责某某人说:他是一个没有责任感的人!这是一种很严厉的批评,甚至比骂他游手好闲还要难听!

一旦我们愿意对自己生命中的任何事情负责,我们就会找到解决之道,只要做一点小小的调整就可以全盘改观。有时候,做得很好与做得很糟之间只有一线之隔。通常,解决之道只是改变我们目前所做的某些事。

我该负什么责任?大部分人很少问这个关键问题。相反地,他们总是喜欢假设他们所面临的任何问题,必定都是别人的错。如果行程中有什么闪失,"一定是别人的过失"。许多人就是从来没想到,他们本身也有错。或者至少,他们应该负一部分责任。从表面上看起来永远不该责怪自己似乎很好。不过,问题是,抱着这种"永远别怪我"的哲学,我们就永远无法找到自身的问题所在——承担应当承担的责任。而一旦有了责任心,承认自己有时候也应该为生命中行不通的那一部分问题负责时，我们就打开了一扇全新的大门。

1997年8月，魏小娥被海尔集团派到日本学习世界上最先进的整体卫生间技术。在学习期间，魏小娥发现日本人在试模期的废品率一般在30%～60%，设备调试正常后，废品率为2%。

魏小娥感到奇怪，便问日本的技术人员："为什么不把合格率提高到100%呢？"

"100%？这怎么可能呢？"日本人说。

2%的废品率在很多人看来已经是非常难得的了，但魏小娥却不这样认为。她觉得，没有做不好的工作，只有做不好工作的人。别人觉得100%合格率不可能达到，那是他们的想法，将来她做这种产品的话，她的标准就是合格率达到100%。因此，在日本期间，她拼命学习他们的先进技术，期望有一天能赶超日本。

从日本学习回来之后，魏小娥担任了海尔集团卫浴分厂的厂长。不久，日本模具专家宫川先生来华访问，在他的"徒弟"——魏小娥的陪同下参观海尔集团，面对一尘不染的卫浴生产车间和100%的合格产品，宫川先生脸上写满了疑问。

"我们一直在想办法解决卫浴生产现场的脏乱，效果总是不理想，你们是如何做到现场清洁的呢？对我们而言，2%的废品率、5%的不良品率已经达到了极限，你们的产品合格率是如何达到100%的呢？"

面对宫川先生一连串的提问，魏小娥简单地回答了两个字："用心。"

用心，说起来容易，但做起来并不容易。

原来，自魏小娥担任卫浴分厂厂长以来，她就狠抓模具质量，处处严格把关，不放过任何一个细节。一次，在试模前一天，魏小娥在原料中发现了一根头发，这根头发可能是从操作工头上掉下来的。魏小娥立即意识到，如果原料中混进一根头发，那就意味着出现废品。想到这里，她马上给操作工统一配发白衣、白帽，并且要求头发必须严严实实地包裹在帽子里，不让头发掉出来。就这样，一个可能出现2%废品的因素被消灭在萌芽状态。

就这样，在魏小娥的严格要求下，一个又一个的2%废品率被杜绝，每个2%的责任都得到了100%的落实，终于，被日本人认为是"不可能"的100%产品合格率，魏小娥做到了。她用实际行动证明：只要用责任心去把关，就没有做不好的事情。

责任是一条无形的鞭子。一个人把责任放到第一位，在职场中他就是一名优秀的员工，并且责任感越强，他的成就也越大。

在职场上，有些员工本来具有出色的能力，但却缺少一种尽职尽责的工作态度，因而在工作中经常出现疏漏，结果逐渐失去了老板对自己的信任。而另外一些员工，也许刚开始能力平平，但是因为对工作有一份责任心，因而能全身心地、尽职尽责地投入到工作中，结果反而能把工作做得很好。

因而，在老板看来，只有那些具有责任心，对工作负责的员工，老板才会放心地交给他更多的任务和工作，只有积极主动地对自己的行为负责、对老板和公司负责、对客户负责的员工，才是老板心目中的最佳员工。而如果你的责任感不够，老板可能因为你的其他技能而任用你，但是，你或许永远得不到重用。

一个人无论从事何种职业，都应该尽心尽责，尽自己的最大努力，求得不断的进步。这不仅是成为一名优秀员工的条件，也是人生的原则。如果没有了职责和理想，生命就会变得毫无意义。无论你身居何处，即使在贫穷困苦的环境中，如果能全身心投入工作，那么也终会实现自己的人生价值。所以说，那些在人生旅程里取得成就的人，一定是在工作中把责任放在第一位并坚持不懈去努力的人。

4.责任心是员工职业道德的核心

如果说智慧和能力像金子一样珍贵,那么勇于负责的精神则更为可贵。好的企业员工固然需要有好的业务能力,但还必须要有宝贵的责任心。只有具备强烈责任心的人,才能在工作中充分发挥自身的才能,以可贵的敬业精神,出色地完成工作使命。

责任心,体现一个人的职业道德素养,也是一个人必备的品德修养。意大利诗人但丁在谈论人的知识和人品时说过这样一句耐人寻味的话:"一个知识不全的人可以用道德来弥补,而一个道德不全的人却很难用知识去弥补。"责任心,是每一个身在职场之人的第一素质。

每个企业都可能存在这样的员工:他们每天按时打卡,准时出现在办公室,却没有及时完成工作;每天早出晚归、忙忙碌碌,却不愿尽职尽责。对他们来说,工作只是一种应付:上班要应付,加班要应付,上司分派的工作要应付,对于工作检查更要应付,甚至就连睡觉时也要忙着应付——想着怎样应付明天的工作。

应付了事,是员工缺乏责任心的一种表现,实际上也是工作中的失职,是隐藏在我们通往成功道路上的一颗定时炸弹,时机一到,就会爆炸,贻害无穷。

工作不认真、不主动,应付了事,什么事都不追求最好的结果。事情虽然做了,却没有什么实际效果。从某种意义上说,这种应付工作的态度比拒绝执行更加可怕。如果你拒绝执行,管理者会另找一个人来替换你的工作,而应付者则从一开始就蒙住了管理者的双眼,让危害在最后时刻爆发,到时候再想挽救,自是难如登天。

对员工个人来说,养成应付了事的恶习后,必定会轻视自己的工作,

责任 忠诚 激情

甚至轻视人生的意义。粗劣的工作会造成粗劣的生活。工作是人们生活的一部分，应付自己的工作，不但会降低工作效率，还会使人丧失做事的能力。

所有的恶果都是由于责任心的缺失造成的。每一个人都会有认真工作和应付了事的矛盾心情，而责任感则是驾驭内心战斗的最好武器，而且，责任感在关乎公司利益的原则性问题上也能起到关键的作用。

杰克大学毕业后到一家软件开发公司工作，和他一起的，还有他的同学兼好友戴维。他们两个人都被分配到程序编辑组，有机会接触到公司最核心的技术秘密。

自从他们进入程序编辑组那天起，就有竞争对手想从他们那里套取技术秘密。

刚开始的时候，杰克和戴维都顶住了诱惑。但是，时间一长，戴维开始动摇了。有一天晚上，两个人还在单身公寓里为此吵了起来。

"我想不明白，对方开出那么好的价钱，顶得上我们两个人一年的工资，为什么不可以答应？"戴维说的是某竞争企业出资10万美元购买他们俩参与的一项软件的数据库。

"那违背了我们做人的原则，是不负责任的表现，背叛公司是可耻的！"杰克坚定地说。

"我知道你很正直，可正直值几个钱呢？"戴维说。

正直究竟值几个钱呢？杰克说不出来，但他显然已经生气了。

戴维看到杰克生气了，便表示放弃。但他心中并没有放弃，他决定瞒着杰克和那个公司交易。10万美元很快进入了戴维的腰包，谁也没有发现，包括杰克在内。但是，两个月后，竞争对手抢先一步推出相似软件，迅速占领了市场，让杰克所在公司为此损失了数百万美元，公司这才知道有人出卖了技术秘密。

杰克首先想到的是戴维，戴维也向杰克承认了出卖数据库的事。

"我知道你不同意那么做，所以我瞒着你做了；我知道你是我的好朋友，不会揭发我，所以我坦然地向你承认了。"戴维说，"我们利用这笔钱去做点大事情吧，比如开家公司，别在这儿打工了。"

"不，戴维，我是你的好朋友，但是你做错事了，我一定要揭发你！"

两天后，杰克和戴维一同走进了总裁办公室，戴维还带上了那张10万美元的支票。

总裁要奖励杰克，杰克拒绝了，因为他说他出卖了朋友，虽然朋友做错了，但毕竟是朋友。

戴维交出10万美元的支票，并主动要求承担法律责任，因为10万美元远远不能弥补公司的损失。

面对两个年轻人，总裁愣了足足五分钟。最后，他终于开心地笑了，他走过去，拥着两个年轻人的肩膀说："我太高兴了，公司虽然损失了数百万美元，可我拥有了两个能够主动承担责任的员工。你们的价值，绝对不止这几百万美元！这件事就当没有发生过，我们三个人知道就行了，至于那10万美元，你们自己处理吧。"

那10万美元，最后他们捐给了一所敬老院。

尽管历经波折，但因为责任心驱使，两个好朋友最终还是战胜了利益的诱惑。

缺乏责任心的员工，不会视企业的利益为自己的利益，也不会因为自己的错误行为影响到企业的利益而感到不安，更不会处处为企业着想，遇事他们总是推卸责任。这样的人是不可靠、不可以委以重任的。而人非圣贤，孰能无过。尤其年轻人刚走上工作岗位，一时犯了糊涂，做了错事，愧悔之中能知错就改，并能主动承担责任，这还是值得宽容、教育与原谅的。

如上述故事中戴维由于在利益面前经不住诱惑，出卖了公司的技术秘密，丧失了员工应有的职业道德，给公司带来了极大的损失。好在当事情发生后，戴维经过好友杰克的劝说，能认识到自己的错误，主动带上支票到总裁面前坦白认错，并要求承担法律责任。总裁看到眼前的戴维能认识到错误和诚恳地要求处罚，意识到眼前这两个年轻人都有着主动承担责任的勇气，总裁带着宽容与信任原谅了他们，并对他们今后的工作寄予厚望。相信这两个年轻人在以后的工作中一定会不负期望，承担起一份责任的。

总之，责任心和职业道德是衡量一个人品格的基本要素，也是一个成功人士的必备条件。就职场来说，是否有责任心，体现出一个人的道德操守，而只有那些能够勇于承担责任并具有很强责任感的人，才有可能被赋予更多的使命，也才有资格获得更大的荣誉。

5.责任是实现自我价值的必由之路

担负责任，就会有压力，而在错误或失败面前包揽过错责任，则需要勇气，这是更高层次的责任感。就个人行为而言，敢作敢当，算得上"好汉"；就一个员工而言，则更值得领导信任。

一个员工能肩负起他职位上的责任，在工作中发挥最大的才能，展现出他所拥有的潜在素质，按照精益求精的高标准出色地完成工作任务，并使自己从中得到快乐和满足，那么他的人生价值自然就得到了实现。这也是自我实现的必由之路。

责任本来就是生活的一部分，对于任何人，我们要生活，就必须要承担起责任，这不仅是我们生活的前提，更是一个团队能够更好发展的前提。

作为公司的一员，所承担的责任是巨大的，如果不能把对公司的责任看成是义不容辞的，那么我们其实是很难真正担当起责任的。

麦氏饭店是美国一家以经营牛肉饼为主的快餐公司，每一位员工都必须从基层做起，是这个公司的一大特点。每个员工的自我实现都是从实习助理开始的，那些有责任心、有学历、独立自主的年轻人在25岁以前就有机会成为中、高层管理者。

每一位新进入麦氏饭店的员工只要经过七个阶段的努力，就可以由一名普通的员工晋升为一名总部经理。

第一阶段：见习助理。有学历的年轻人要当6个月的见习助理。在这6个月里，他们要到公司各个基层岗位工作，如采购、配调料、收款等，在这些一线岗位上，见习助理要学会保持清洁与周到服务的方法，并依靠他们的亲身实践来积累管理经验，为以后的管理工作做好准备。

第二阶段：二级助理。与见习助理不同的是，这个工作岗位已经具备管理性质，他们要承担一部分管理工作，如订货、计划、排班、统计，等等。他们要在一个小范围内展示他们的管理才能，并在日常实践中摸索经验，管理好他们的小天地。

第三阶段：一级助理。在进入公司8～14个月后，有学历的年轻人将成为一级助理，即经理的左膀右臂。同时，他们也肩负了更多更重要的责任，每个人都要在餐馆中独当一面。他们的管理才能也日趋完善，这离他们晋升为经理的梦想已不远了。

第四阶段：参观经理。在步入这个很多人梦寐以求的阶段前，他们还需要进行为期20天的培训——那就是在公司总部接受全面、系统的培训。

第五阶段：巡视员。一个有才华的年轻人晋升至经理后，公司依然为其提供广阔的发展空间。经过一段时间的努力，他们就可以从经理晋升为巡视员，负责5～6家餐馆的工作。

第六阶段：大区顾问。4年后，巡视员可晋升为大区顾问。这时，他将成为公司派驻其下属15家餐馆的代表。作为公司15家餐馆的顾问，他的责任更重大，其主要职责是保持总部与各个餐馆之间信息交流畅通。同时，大区顾问还肩负着诸如组织培训、提供建议、制定企业标准之类的重要使命，成为总公司在这一区域的全权代表。

第七阶段：总部经理。成绩优秀的大区顾问还能得到晋升，成为总公

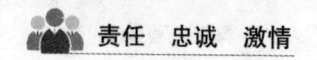

司的总部经理。

麦氏饭店的七阶段晋升制度告诉我们这样一个道理：一个员工，如果想证明自己的价值，实现自己的人生理想，就应该尽早在心中树立起责任感，因为对工作负责是一个人自我价值实现的必由之路。

如果我们把责任看成是生活的一部分，在真正承担起责任时，就不会感觉到累，也不会认为自己承担不起。因为一个能够独立生活的人，就一定能够承担起责任。责任是由许多小事构成的，一个做事成熟的人，无论多小的事，都能够做到尽职尽责，极致完美。

责任无处不在，但并不是我们每一个人都能清楚地意识到自己身上的责任，并不是每个员工都能像我们所认为的那样优秀和完美。无论我们饰演什么角色，都必须明白，没有意识到责任并不等于没有责任，对责任的逃避不是明智的选择。

6. 优秀员工的标准就是具备责任心

判断一个人是否具有优秀品质，首先要看其是否具有责任心。一个负责任的员工才是优秀的员工，反过来说，一个员工之所以被人们认为是优秀的，很大程度上是因为他把责任心放在了落实的首位。

强烈的责任心能够让你像鲤鱼跳龙门那样，跨越障碍，提升能力。强大的责任心能够为你打开心锁，使你拥有高出平常的智慧，从而使工作做得更加完美。

或许你发现周围那些优秀的同事总是能够成功完成任务，而那些任务在自己眼中往往是不可能完成的，于是就开始推脱逃避，这也反映了一个人对工作责任心的认同度。

一位优秀员工曾精辟地总结道：责任心是简单而无价的，责任心让我在工作中表现得更加卓越。

工作代表着责任，世界上最可耻的事情莫过于忘却责任，因为，工作业绩和责任心是密切相关的，而且具有一致性。

如果遇到问题就给自己找出"这太苛刻了，我不可能做到"的理由来推卸责任，那么，你的工作落实永远不可能产生绩效。唯有全力以赴，负责到底，才能挖掘出你潜藏的卓越能力。

当我们强迫自己按照某一做法去落实时，常常要面对种种障碍。为了突破这些障碍，我们必须调动起自己的全部潜力，去分析、去梳理，最终才能出色地完成任务。毫无疑问，经历这个过程后，我们的落实力肯定会大大增强。

斯塔维为了公司的业务要到上海去出差，于是预订了上海某家旅店，手续确认后，斯塔维在三天后准时来到旅店。可这时却出现了状况，前台服务员告诉他，由于入住人员爆满，旅店超额预订，因此取消了他的预订，说完就不再理他了。斯塔维很着急，再三询问这件事情能否予以解决，而那位前台服务员唯一的答复是："旅店住满了，我也无能为力，我不可能给你变出一间房子来。"

斯塔维知道多说无益，非常生气，觉得这位前台服务员不负责任，她认为取消预订，给客人造成的影响根本不关她的事，于是他下定决心以后再也不光顾这家旅店了。就在他提起包准备离开时，旁边的另一位前台服务员说："我们的旅店确实订满了，我为您的预订被取消而表示歉意，我会尽快为您想办法在附近同样等级的旅店找一间房子，您现在只需要到餐厅稍等一会儿，可以慢慢享受我们免费提供的一份套餐，一会儿我会让服务员领您过去。"

斯塔维不用再为去找住的地方而操心了，因而非常感谢这位服务员，后来他每次出差到上海都住这家旅店，并只接受这位服务员的服务。很快，这位服务员因为为旅店留住顾客而被提升为客房部经理。

在实际工作中，不论这个部分是不是属于你的责任，只要关乎公司利益，都要像上文中那位替斯塔维想办法的服务员一样，毫不犹豫地将责任一肩挑起，不要想着"做好做歹一个样，反正由老板担当责任"。从本质上来说，任何一项工作都是员工的责任——员工应对自己的行为负责，对公司和老板负责，对客户负责。作为一名员工，假如你强烈地渴望拥有卓越的绩效，就必须懂得这一点，并将它付诸工作的一点一滴之中。久而久之，你就会发现，日渐提升的落实力和工作效率，正一步步地将你推向优秀员工的行列。

在一个公司里，往往会有一些人认为，只有那些有权力的人才有责任，而自己只是一名普通员工，没有什么责任可言。只要将自己分内的工作做好就可以了，其余的事情和自己没有任何关系。但是，事实绝非如此。没有意识到责任并不等于就没有责任，也不等于我们和公司中任何事情都没关系。因为我们每个人都生活在一个团体之中，团体无论大小，成功永远取决于团体中的每一个人是否对自己负责，是否对彼此负责。因此，作为公司中的一个成员，我们责无旁贷，必须遵守对彼此的承诺，各司其职，假以时日，如果每一个成员都能够对自己负责，并且能够对彼此负责，那么这个公司一定能够发展起来。

一个没有责任感的人，他认为在企业中事事与他无关。不但不会忧企业之忧，想企业之想，而且会让企业的利益受到损害。他们就是企业的潜在危机，随时都可能给企业带来损失。

因此，在企业中，员工责任感的高低在很大程度上能够决定一个企业的命运。假如你的工作还不够优秀，落实力还没有发挥到最高水平，这说明你需要更强烈的责任感，需要拥有对工作高度负责的精神。因为，没有这种精神，就无法真正把落实做到极致。

7. 责任胜于能力，责任提升能力

英国首相温斯顿·丘吉尔曾说："伟大的代价就是责任。"在政坛上如此，在职场上亦如此。可以说，一个人只有表现出高度负责的精神，才会赢得老板的赏识和重用，员工担当的责任愈大，取得的成功也就愈大。

当一个人想要实现自己内心的梦想，下定决心改变自己的生活境况和人生境遇时，首先要改变的是自己的思想和认识。要学会从责任的角度入手，对自己所从事的事业保持一个清醒的认识，努力培养自己勇于负责的精神，因为这才是成功的最佳方法。

许多人之所以一生一事无成，皆因为在自己的思想和认识中，缺乏对勇于负责这种精神的理解和掌握。他们常常以自由享乐、消极散漫、不负责任、不受约束的态度对待自己的工作和生活。结果，沦落为生活中的失败者。

当工作中出现问题的时候，与其将自己的问题推给别人，倒不如大大方方地承担起来。领导不会因为勇于承担责任而处罚员工，相反他们会更看重员工在出现问题时所体现的工作责任感。如果工作一出现问题员工就推卸责任，老板自然就会选择那些敢于承担责任的人，为他们创造更多的成功条件。

面对工作的失误，员工如果主动诚恳地承认错误，不把责任的皮球踢给别人，说明他有敢于承担责任的勇气和信心，这不仅是一个工作态度问题，也是一个品质问题。把责任心体现在工作中，即使是有失误的员工也较容易得到老板的谅解。

某公司要在内部选拔一名总裁助理，经过多轮筛选后，竞争者最后剩下了三个人。他们接到总裁的通知,到他办公室做最后一次面谈。

在办公室里,总裁指着花架上的一盆兰花说:"这盆花价值20万元,是稀有品种,是从广西十万大山中运出来的。"总裁又说,"我出去一下,麻烦你们把这花搬到窗户边上去。"

那花架看起来很重,三个人决定一起搬。令人意外的是,三个人刚一碰到花架,其中的一条腿就断了,兰花也摔坏了。

总裁闻声而来,询问是谁的责任,其中的一位首先声明自己没有责任:"这不关我的事,是他们两个弄的。"

"生产花架的人把花架做得这么差,"第二个人说,"应该去找他们。"

总裁又问第三个人:"你认为呢?"

"这是我们的责任,我们本来就有义务做好。"第三个人不卑不亢地说。

听他说完,总裁脸上露出了笑容:"你被录用了!那盆花根本不值钱。"

员工必须明白,每个人都需要在工作中承担责任,这是员工的基本职业素养。工作做出了良好的业绩是员工的成绩,出现了失误也是员工的责任,工作中千万不要见好处就上,见责任就跑。只有对自己的工作切实负责,以端正的态度对待失误,才是一个优秀员工应有的品质。

一个人即使生下来就是老板,十分幸运地拥有自己的事业,也要对自己的事业认真负责,才会有前途。更何况,大多数人都是从职场生涯中开始,奠定自己的事业基础的。只要你还是公司的一员,就应该抛弃借口,丢掉脑中消极懒散的思想,全身心投入到自己的工作之中,以勇于负责的精神去面对自己的工作,时时处处为公司着想。这样,才会被老板或公司视为支柱,随之而来的是全面的信任,并获得重要的职位,继而面对更广阔的工作舞台。这时候,自己的事业也就指日可待、胜券在握了。

二、把平凡的事做好就是不平凡

很多时候，一件看起来微不足道的小事，或者一个毫不起眼儿的变化，却能实现工作中的一个突破。所以，在工作中，对每一个变化，每一件小事我们都要重视。细心、扎实地处理好每一个环节和细节，一丝不苟地去完成它们，只有这样，才能借助平凡小事的力量推进工作进度，做出不平凡的业绩。

1. 琐事之中孕育着责任的种子

俗话说："千里之行，始于足下。"任何伟大的工程都始于一砖一瓦的堆积，任何耀眼的成功也都是从一步一步中开始的。聚沙成塔，集腋成裘，成功之前所做的一切琐碎工作，都很容易让人厌倦。但是，这一砖一瓦、一跬一步的累积，都需要我们以勇于负责的精神去一点一滴地完成。

大事是由众多的小事积累而成的，忽略了小事就难成大事。从小事开始，逐渐增长才干，赢得认可、赢得干大事的机会，日后才能干成大事，而那些一心想做大事的人如果不改变"简单工作不值得去做"的浮躁心态，是永远干不成大事的，所以说，那种大事干不了、小事又不愿干的心理要不得。

古人曾说"祸患常积于忽微，智勇多困于所溺"，意思是疏忽大意往往酿成大错。"泰山不拒细壤，故能成其大；江海不择细流，故能就其深。"而职场之路，坎坷莫测，事无巨细，倘若一步走错，必将后悔莫及。

在工作中，我们必须时刻提醒自己、反省自己，不要好高骛远，要踏踏实实地做好每一件工作，为每一件工作投入自己全部的热情，这样我们的职场之路才可能走得顺畅。

在客观现实中，太多的人只关注有光环的大事情，能够满足虚荣心等等出人头地的大事业，而将本职工作中的许多具体事情归类为不值得做的小事情，其实，这些小事情正是通往大事业的必经之路。

这里记录了一位企业员工对工作以外细节问题的关注：

又到年终了，公司照例要举办一场酒会。当我到了酒店大厅，公司员工已经各就各位。等老总落座后，酒会正式开始。菜上五道，酒过三巡，场面开始热闹起来。我起身到二楼的洗手间去了一趟，出来后看到老总站在二楼的栏杆边，正全神贯注地看着一楼大厅，若有所思的样子。我也走了过去。老总见我过去，就指着大厅内的几个人对我说："你看，李朝林这小子，见无人注意他，竟然用烟头烧饭店的窗帘。这种人不懂得爱惜别人的东西，以后不能让他接触到公司里的物品。刘成明，刚才我在时，一本正经的，现在看我走了，故意装成喝醉酒的样子，往女孩子身上靠，此人太轻浮，不可委以重任。王凤，刚才竟然吐酒了，现在躺在沙发上，一副无精打采的样子，此人缺乏自制力，不能干大事，不可重用。赵平，喝了几杯酒后就坐到一边独自抽烟，他不善与人交往，看来他真的不能再在销售部干了……"我听完老总对员工的评论，不禁打了一个寒噤，想不到，老总在酒会上也不忘考察人。

我跟随老总从二楼下来，刚坐定，销售部经理于向前就过来向老总敬酒。于向前端着一个酒碗，对老总说："我敬总经理一碗酒，我喝一碗，您喝一杯就行了。"老总说："我们每人都喝一碗吧。"说完，接过于向前手里的酒碗，一饮而尽。然后，让人往碗里重新倒满酒，叫于向前喝，在众目睽睽之下，于向前只好喝下去。不一会儿，于向前就到洗手间吐酒去了。老总悄悄对着我的耳朵说："刚才我喝下去的是水，这个于向前竟敢在我面前耍滑头。我最烦这样的人，酒量不行，不能再喝了，却还要充大头，要好看。"我暗暗惊叹，老总真是聪慧过人。然而，老总是怎么知道于向前碗里不是酒的呢？这对我来讲，至今还是个谜。

酒会后没几天，于向前到老总办公室汇报工作。谈到几个办事处的销售情况时，于向前说："这几个办事处去年遇到不少困难，所以销售额不理想。"老总不耐烦地说："上次酒会上，你在我眼皮底下都敢搞小动作，这几个办事处都远离总部，谁知道你背着我都干了些什么？现在销售额上不去，你不从主观上找原因，反而从客观上找困难。"我听老总这样说，就知道于向前销售部经理的位子坐不稳了。

正所谓职场无小事。工作上要好好努力，工作之外也要好自为之。对待微不足道的小事的态度可以反映一个人内在的品质和对工作的热心程度。

人人都有走向成功的机会。但是，大多数人都没有抓住机会，因为机会出现的时候，都是一些非常细小的苗头，不容易被发现。而成功者就能够抓住那些小小的苗头，发展出宏大的事业。

在职场上，任何工作中的细节，都事关大局，牵一发而动全身，每一件细小的事情都会通过放大效应而突显其重要影响。把每一件简单的事做好就是不简单，把每一件平凡的事做好就是不平凡。作为普通人，在平常的日子里，很显然都在做一些小事，遗憾的是许多人不屑于小事和细节，总盲目地相信"天将降大任于斯人也"。殊不知小事也做不好、做不到位的人，何以堪任大事？细微之处见精神，任何惊天动地的大事，都是由一个又一个小事构成的，有做小事的精神，才能产生做大事的气魄。

细节决定成败，有些细节会深深地印在我们的脑海中，留下终生难忘的印象；有些细节会改变事物的发展方向，使人生的命运发生转变。细节是平凡的、具体的、零散的，如一句话、一个动作、一个画面……细节很小，很容易被人们所忽视，但它的作用是不可估量的。

2. 魔鬼存在于细节之中

责任要求我们重视那些看起来微不足道的事情，只有这样，才能拥有光明的前途。我们每一个人都要甘于做小事，而且要努力把小事做好，一步一个脚印，踏实敬业，这样才能更好地体现出应有的责任意识，才能一步步地实现自己的人生目标。

漂浮不定的人往往是那种小事不屑于去做，一心觉得自己是干大事的人。其实，大事就是由一件一件的小事组成的，每一件小事都值得去做。只有踏踏实实地关注起工作中的每一个细节，才能积累到更多的知识，做成更多的大事。

细节的重要性自然不言而喻，关注细节是责任中不能忽略的环节。欧洲有句谚语："魔鬼存在于细节之中。"所谓的细节，即是那些经常被人忽略、不易引起他人注意的细微之处，如果我们粗心大意，不认真地去听、去看、去做，那么我们就不能了解到精义所在，而会被其表象所蒙蔽。细节小事存在于我们生活的方方面面，只有关注小事，慎重对待小事，学会在细节处下工夫，才能做好每一件小事。因为注意细节，所做出来的工作一定能抓住人心，细心的工作态度，产生于对每一件工作重视的态度。对再细小的事也不掉以轻心，这种注重细微环节的态度就是使自己的前途得以发展的保证。

只有中专文化的李璐，在一家酒店当服务员，她十分珍惜这份来之不易的工作，总是力争把各个细节都做到完美。

一天早上，一位德国客人从房间出来准备吃早餐，走廊里的李璐微笑着和他打招呼，并叫出了他的名字。德国客人感到非常惊讶，他没有料到这个服务员竟然知道自己的名字。李璐解释说，酒店每一层的当班服务员都要记住每一个房间客人的名字。德国客人一听，非常高兴。

在李璐的带领下，德国客人来到餐厅就餐。用过早餐，李璐又端上了一盘酒店奉送的小点心，点心的样子非常别致，引起了德国客人的好奇，他问站在旁边的李璐，中间绿色的东西是什么。李璐上前看了一眼，又后退一步做了解释。当客人又提问时，她上前又看了一眼，再后退一步才作答。这个后退一步是为了防止她的口水溅到食物上。德国客人对这种细致的服务非常满意。

几天后，当德国客人处理完公务退房准备离开酒店时，李璐把单据折好放在信封里，交给德国客人时说："谢谢您，霍夫曼先生，真希望不久后能第三次见到您。"原来，这位客人在半年前来上海时住的就是这家酒店，只不过上次只住了一天，所以对李璐没什么印象，但是李璐却把这位客人记住了。

这位德国客人后来又多次来上海，每次都会住在这家酒店，而李璐的服务依然是那么的细致入微。当这个德国客人最近一次入住这家酒店时，李璐已经提升为酒店的客房部经理了。

很显然，李璐的成功不在于她做了多么伟大的事，而在于她注重细节，爱岗敬业，只有具备敬业精神的人才会关注工作中的细节，而做好细节就能做好一切。

一名好员工在工作的时候，应当像李璐一样，专注于每一个细节，把各个细节都做到完美。这不仅能给公司带来效益，也能为自己的发展创造机会。

很多人认为小事情不重要，可是，又不知道怎么做大事。其实，大事业也是由小事做起的，要重视每一件事情的细节。成功是慢慢积累起来的，只有经验累积得足够丰富，才会成功。也只有在众多小事的积累过程中，才能真正体会到更多不为人知的感受，体味各种滋味，积淀成功的基础。

想要干大事，就要有把小事做好的决心，而且是把每一天的小事都做好，并且还要坚持下去。

那些做大事的人都是善于做小事的，也是能把小事做好的人。通过做这些小事，积累了经验，增强了信心，就有了做其他事情的基础和能力。

3. 不信守责任会断送自己的发展机会

信守责任是一种精神，是一种力量，是一种内在的涵养，是对所属团队的忠实，也是对责任的一种诚信。特别是在一个团队里，缺乏对责任的诚实信守，不仅是对自身责任的一种懈怠，还是对整个团队的不负责任。任何一个团队成员，都有义务信守责任，这是作为团队成员的基本准则，也是作为一个人起码的道德准则。这不仅能确保整个团队的利益不受损失，也能确保每个团队成员的利益。

任何一个老板都是精明的，他们是不会容忍那些只知拿薪水、对工作不负责任的员工的，更何况企业与企业之间、公司与公司之间，竞争越来越激烈，只要员工在工作中有一丁点儿不负责任，都有可能导致整个企业蒙受巨大损失。

一位国外的客商想同国内的企业合作一个上亿元的大项目，他给两位有过一面之交的老板各发了一封电子邮件。其中有一家企业连发几次都被退回，向那位老板的秘书查询时，秘书说邮箱满了。可四天过去了，还是发不过去，再去问，那位秘书还是说邮箱是满的。外商想老板身边的员工用这样的态度工作，其他部门的工作也好不到哪儿去。而另一家企业却很快回复，并将相关的资料信息传真过来，还就一些细节来电查询，外商最终选择了这家企业。

一封小小的邮件使第一家企业丧失了一笔大生意，当那位老板得知真正的原因后，自责不已，立即辞退了那位秘书。

责任感缺失不仅会给企业带来损失，也会断送自己立足与发展的机会。企业的领导者都很注重员工责任感的精神素养，有较强责任感的员工不仅能够得到领导者的信任，也为自己的事业在通往成功的道路上奠定了坚实的人格基础。

有这样一道智力题：树上有十只鸟，一个猎人开枪打掉了一只，还剩下几只？当然一只也不会剩下。把这个故事引用到企业中，不也是如此吗？一个员工的不负责任，会让顾客对这家企业的服务产生怀疑，进而改变企业的顾客群对整个企业的印象，这就是"10-1=0"的含义。

试想，一个在责任感方面很欠缺的员工又怎么能给顾客提供优质服务、树立企业良好形象呢？企业里一个员工缺乏责任感，他所影响的不只是他自己，而是整个企业，这就是为什么很多企业要求把责任融入员工的日常生活中。如果一个员工没有意识到责任对于他乃至整个企业的重要性，那么他就已经丧失了在这个企业工作的资格，因为员工的不负责任将会使企业的形象蒙受损失。

某跨国公司的总经理想重用一位刚从名校毕业的年轻人，准备先让他去欧洲培训两年，回来后再委以重任。原因是此人业务方面的知识掌握得很熟练，工作特别努力，在待人接物方面也彬彬有礼。总经理感觉他很有前途，是个可塑之才，因此决定让他去海外培训。

但就在即将去培训的前几天，总经理偶然走在该职员的后面，看到他有意将掉在路中间的废纸踢向一边，而不是捡起来扔进废物筒里。这可是举手之劳啊！后来，总经理一连好几天都留意该员工的举动，他发现：午餐后，这名职员没有将用餐后的餐具放在指定地点。于是总经理很快做出决定，改变了原计划送去海外培训的员工名单。因为在总经理眼里，这样一个连起码的日常准则都无法自觉遵守，甚至没有公德心的人，又怎么可能成为一名出色的管理者，对一个企业高度负责呢？

一个人有没有责任感，并不仅仅体现在大是大非面前，很多时候是体现于小事当中的。一个连小事都不愿负责任的人，又怎能在大事上承担责任呢？一个对待工作不小心、不留神、马马虎虎、大大咧咧的员工，又怎么能圆满完成工作呢？

要知道，当你在信守责任的同时，也是在信守一个人的人格和道德。

须知，那些不需要别人监督而且具有坚毅和正直品格的人正是能改变世界的人。

4. 做好小事的员工，才能托付大事

中国古代思想家、哲学家，道家创始人老子有句名言："天下大事必作于细，天下难事必作于易。"意思是说，做大事，必须从小事做起，天下的难事必定从容易的做起。一个人只有做好自己手中的小事，才能成就大业。

作为一个普通人，在平时大量的工作时间里，显然做的都是一些小事，酒店的服务员每天的工作就是做好辖区内的卫生工作，保证物品清洁，摆放整洁；公司职员每天所做的可能就是接听电话，整理报表，打印订单之类的小事。但你千万不要小看这些小事，因为正是这些小事使你有了在这个岗位上工作的机会，换句话说，你所做的工作，正是由这一件件小事构成的。如果做不好这些小事，或者不将这些小事做到位，怎能去做好大事，又怎能期望别人给你更大的信任？

在社会竞争日益激烈的今天，注重细节，在小事上下工夫，已经成为所有竞争者击败对手、掌握主动进而走向成功的法宝。

美国标准石油公司曾经有一位小职员叫阿基勃特，他在出差住旅馆的时候，总是在自己签名的下方，写上"每桶4美元的标准石油"字样，在书信及收据上也不例外，签了名，就一定写上那几个字。因此他的真名倒没有人叫了，而被同事叫做"每桶4美元"。公司董事长洛克菲勒知道这件事后说："竟有职员如此努力宣扬公司的声誉，我要见见他。"于是邀请阿基勃特共进晚餐。

后来，洛克菲勒卸任，阿基勃特成了第二任董事长。

也许，在一般人看来，在签名的时候署上"每桶4美元标准石油"，这实在不是什么正儿八经的大事。严格说来，这件不大的事还不在阿基勃特的工作范围之内。但阿基勃特做了，并坚持把这件小事做到了极致。那些嘲笑他的人中，肯定有不少人才华、能力在他之上，可是最后，只有他成了美国标准石油公司的董事长。

现代职场中，有许多人抱怨老天的不公，抱怨自己工作的卑微与低人一等，叹息自己干这个工作仅是迫于生活的压力不得已而为之的事情。一个看轻自己所从事的工作的人，自然无法投入全部身心，在工作中会敷衍塞责、得过且过，这样的人势必难有作为。

有这么一个故事：

在开学的第一天，一位老师对他的学生们说："从开学这一天起，我们不设值日轮流表，因为只要在座的每一位同学都能把自己的座位周围清扫干净，整个教室也就干净了。"

学生们表示能够做到这一点，可是一年以后，大家发现，全班只有一个学生坚持这样做了。

"这么简单的事，谁做不到？"这正是许多人的心态。成功不是偶然的，有些看起来很偶然的成功，实际上我们看到的只是表象。正是对一些小事情的处理方式，已经昭示了成功的必然。无论是"每桶4美元"还是"坚持清扫座位周围的划分区域"，都要求人们必须具备一种锲而不舍的精神，一种坚持到底的信念，一种脚踏实地的务实态度，一种主动承担的责任心。一个人如果连小事都做不好，还谈什么成就大业呢？

工作本身并没有贵贱之分，但是对工作的态度却有高低之别。在每个老板眼中，评价一个员工的优劣，看一个员工能否做好工作，只要看他对待工作的态度就足够了。一个人所做的工作，是他工作态度的表现。所以，了解了一个人的工作态度，在某种程度上就了解了一个人。

因此，作为员工，当老板交付一项你认为极平凡、极低微的工作时，可以试着从工作本身去理解它、认识它、看待它。一旦从它的平凡表象中，洞悉了其中不平凡的本质后，你就会从平庸卑微的境况中解脱出来，不再有劳碌辛苦的感觉，厌恶、无可奈何的感觉也自然烟消云散。当圆满完成这些"平凡低微"的工作后，你会发现成功之芽正在萌发。

所以，不管是初入职场，还是所做的工作一直都是一些不起眼的小事，你都应该认真对待它，全力以赴、尽职尽责，这样才会使自己得到成长，才会使你在以后有机会做更大的事情。

5. 细节是必须关注的焦点

优秀与平庸的差别就在于，前者无论做什么总是力求尽自己的最大努力，绝不放过任何一个细节。而后者却把时间花在埋怨上，等别人都前进一大截了，他还没有醒悟过来。

其实，对于自己的工作，你永远有一个最明智的决策——那就是好好干。在同一个工作岗位上，有的人勤勤恳恳，付出得多，自然收获也多。有的人整天一门心思地想调换工作，想被老板委以重任，却做不好自己眼前的事情。所以，将来的被重用自然也轮不到这样的人。

只要能重视小事，愿意在一些微不足道的岗位上辛勤工作，就一定会拥有美好的明天。

生活中的天才毕竟是少数，大多数人都需要时间和经验的磨炼，没有哪一个人在没有学会走之前就开始跑的，不会处理小事情就不会处理大事情。

乔恩大学毕业后如愿以偿地进入了全美最大的现金出纳机公司。但是看看他的工作吧，他被录取为该公司电话远端支持人员。简而言之，就是别人在买了现金出纳机后，遇到什么使用上的困难时就打这个电话以求帮助。这是这个公司中小得不能再小的工作了。

　　作为一名大学毕业生，很难确保乔恩会坚持这份工作。不过，几个月过去了，他愉快地告诉周围的人，现在他干得很起劲。

　　其实很简单，乔恩认真地完成了老板交给他的第一个阶段的初级工作，之后老板当然就交给他另一个更加重要的任务了。作为电话排障员，的确没有更多的机会现场接触仪器，但是作为一个优秀的排障员就必须对仪器有相当深入的了解，所以对于排障员的要求其实相当高。但是，其他很多排障员，因为一天八小时全坐在电话椅上等待电话，所以对于仪器的处理他们仅仅停留在学校所学的知识和公司发放的故障解除手册上的答案。当然，这也不能埋怨他们，一天的时间全耗在等电话上，哪有更多的时间来寻求别的答案呢？但是，这样一来，常常有很多问题并不能实际有效地解决，实践和理论差距往往是很大的。

　　很多人都发现了这个问题，但是却没有人想去改变它。是啊，薪水不多，职位不高，认真按照公司发放的手册工作就足够了。

　　乔恩也发现了这个问题，他看到很多用户遇到的困难在排障手册上并没有现成的答案，那么，到底怎样才能帮助这些用户解决这些疑问呢？因此，每天下班后，乔恩就留下来细细地研读从其他技术生产部门借来的技术书籍，每一个细节中可能会出现什么样的问题，他都要弄得清清楚楚。慢慢地几个月下来，乔恩对现金出纳机有了相当详细的了解。随着自己的进步，他又不断地要求自己，不断地学习新的东西。渐渐地，越来越多的用户愿意把电话打给他。因为他们的困难在乔恩这里总是能得到实际有效的解决。

　　很快，乔恩在用户中居然有了很大的名气。大家一传十、十传百，纷纷要求总机把电话转到乔恩的分机上。乔恩的分机每天都快打爆了，而很多排障员却一天也接不到几个电话。公司总经理发现了这件事，一天他装作一个客户打电话寻求乔恩的帮助。总经理所提的问题自然是难上加难，但是，毫无例外，在乔恩这里他得到了满意的答案，同时他发现，乔恩的服务态度非常好。令他惊讶的是，一个小小的电话排障员，居然懂得这么多技术上的知识，简直比那些做了多年的技术人员了解还多、还全面。

年底，技术部经理离开了公司，这个大家垂涎已久的工作，老板到底会交给哪个人呢？总经理找到乔恩，询问他是否愿意调换到技术开发部工作，乔恩答应了。很快，他就在自己的电话桌上发现了调换工作部门的通知书。

我们不应该以世俗的眼光来判断自己的工作。很多工作，在一些外行人眼里也许很平常。但是他们之所以是外行就是因为他们不能认清这份工作背后所能获得的东西。获得机会，这是每一份工作的目的所在。所以，我们不应该看轻自己的每一份工作。即便是最普通的事情，也应该全力以赴、尽职尽责。小事情顺利完成，有助于对大事情的把握。一步一个脚印地前进，才是通过工作获取能量的秘诀所在。

如果一个努力勤奋的人，忘记去修自己的靴子，那么下雨天进了水的靴子必然会让他感到寒意。如果这天正好有一场重要的面试，那么极有可能会毁了他当天的面试。可是有人会问："如果一个人总是纠缠于一些小事，而忽略其他的重要事情，那么他怎么能够全身心地去追求自己整个生涯中的宏伟计划呢？"其实这种想法是错误的。生活中的大事是依靠那些小事而存在的。这也就是为什么那些最小的事情，那些平淡无奇的事情，那些很多人不屑一做的事情，也很有必要像对待重要的事情一样以同等效率来处理。

无论你是即将走上工作岗位的毕业生，还是已经走上工作岗位的菜鸟，如果对自己的工作不满意，请记住，当你选择了一份职业的时候，每一个细节都必须成为你关注的焦点，因为每一个细节都是你可以走向成功的垫脚石。每一个细节的成败都是别人衡量你能力的标准。把每一件小事做好，学到更多的东西，别人才会放心地让你去办大事。

6. 优秀员工应该养成注重细节的好习惯

世界上许多伟大的事业都是由点点滴滴的细节汇集而成的。在细节上能够表现好的人，在成功之路上一定会少许多漏洞。同样，工作中很多细节会影响到我们的事业和前途。如果你想有所成就，取得更大的成功的话，就不要忽视这些细节，以免因小失大，给你的人生和事业带来重大的损失。

要想开创人生的新局面，实现人生的突破，就要学会关注细节，从小事做起。这样，才能够一步步向前迈进，一点一滴积累资本，并抓住瞬间的机会，实现人生的突破，踏上成功的道路。

曼玲大学毕业了，很幸运被一家中等规模的证券公司录用，十分兴奋，憧憬着大展拳脚。然而，踏上工作岗位才发现，作为新人，公司安排给她的实际工作并不多，倒是有很多杂七杂八的事情，像发报纸、复印、传真、文件整理等等。

同来的新人们觉得要他们大学生做杂活，未免有些丢脸，又觉得不受重视，不免满腹牢骚，便经常找借口推脱。曼玲心里也觉得有些委屈，回家就和母亲说起，身为职业女性的母亲笑了笑，说："小事不做，焉能做大事。须知，由细微处方见真品性。"

于是曼玲不再和大家一起发牢骚，见到别人不愿意做的琐事，她便接过来做，一下子就忙碌了起来，有时甚至要加班加点。其他新人有些笑她傻，说有时间多休息休息不好吗，有些就说她贪表现，说不用这么拼命吧，不管别人怎么说，曼玲总是笑而不语。

其实，曼玲一点一滴的工作，部门主管都看在眼里，便开始逐渐选择一些专业的工作给她。公司的老员工也喜欢这个手脚麻利、不挑三拣四的"傻女孩"，平时也颇乐意将自己多年的工作心得传授给她，并将公司里人际关系上的微妙之处向曼玲点拨。逐渐地，曼玲工作上越来越顺手，在人际交往的分寸上也把握得越来越好。

有了这么好的群众基础，又有了那么好的工作成绩，在讨论新人转正的问题时，曼玲自然成了第一批转正的新人，并且被安排到了她最向往的岗位，成功地踏出了职业生涯的第一步。

不要忽视细节，这在现代职场上已被奉为金玉良言。

在你过去的工作中，有没有认认真真地做好过每一件小事？要知道，一个微小的细节也许就改变了你人生的命运。具体来说，工作中的细节主要体现在以下几个方面：

（1）保持办公桌的整洁。如果你的办公桌上堆满了信件、报告、备忘录之类的东西，就很容易使人有混乱感，更糟的是，零乱的办公桌无形中会加重你的工作任务，冲淡你的工作热情，使你很难很快投入工作。一位成功学家说："一个书桌上堆满了文件的人，若能把他的桌子清理一下，留下手边待处理的一些工作，就会发现他的工作更容易些，这是提高工作效率和办公室工作质量的第一步。"因此，要想高效率地完成工作任务，首先就必须保持办公环境的整洁有序。

（2）不要经常缺勤。缺勤在很多员工看来是一件小事，但是，这件事情完全关系到你个人和公司的利益。因为在公司的老板看来，出勤率高的员工无疑对公司更加负责。你应该尽一切努力来保证出勤，因为缺勤会使你无形中损失很多。不把请假看成一件小事。请假无疑会影响你的工作进度，即使你认为工作效率较高，认为耽误一两天也不会影响工作进度，那也不能轻易请假，因为你身处的是一个合作的环境，你的缺席很可能会给其他同事造成不便，影响其他人的工作进度。所以不要将请假当成一件小事，或者只是你一个人的事。

（3）不闲聊，不干私活。就员工个人而言，利用上班时间处理个人私事或闲聊，会分散注意力，降低工作效率，进而影响工作进度，造成任务逾期不能完成。所以把办公时间全部用在工作任务上是必要的，也是必需的。

（4）下班后不要立即回去。下班后要静下心来，将一天的工作做个简单总结，制订出第二天的工作计划，并准备好相关的工作资料，这样有利于第二天高效率地开展工作，使工作按期或提前完成。离开办公室时，不要忘了关灯、关窗，检查一下有无遗漏的东西。

三、在工作中，一定要敢于担当

担当，就是对自己分内的事，承诺的事，应负的责任，无论是在什么情况下，都能记在心中，勇于面对，圆满完成。敢于担当就要做到责任常在，意识常在，工作常在，力量常在。不怕困难，不惧风雨，保持昂扬向上的精神状态，攻坚克难的顽强意志，拼搏奉献的行事激情。无论你所做的是什么样的工作，只要能认真地、勇敢地担负起责任，你所做的就是有价值的，你就会获得尊重和成功。

1. 承担责任是职业生涯的最好财富

人生活在这个社会中，每个人都有自己的责任，每个人都应该承担起自己的责任。正如社会学家戴维斯所说："放弃了自己对社会的责任，就意味着放弃了自身在这个社会中更好的生存机会。"就职场而言，一个能够勇于承担责任的人，对于一个企业或团队才是有重要意义的。

美国西点军校的学员规章中有这么一条规定：每个学员无论在什么时候，无论在什么地方，无论穿军装与否，也无论是在担任警卫、值勤等公务还是在从事私人活动，都有义务、有责任履行自己的职责和义务。这不是为了嘉奖，而必须是发自内心的责任感。这样的要求是非常高的，西点认为在任何时候，责任感对自己、对国家、对社会都不可或缺。没有责任感的军官就不是合格的军官。正是这样的严格要求，让每一个从西点毕业

责任 忠诚 激情

的学员获益匪浅。

西点认为，一个人要成为一个好军人，就必须遵守纪律，有高度的责任感。这样的要求对每一个企业的员工同样适用。当问题出现后，推诿责任或者找借口，是不能掩饰一个人责任感的匮乏的，这样的人无论在哪里，大多不会得到信任和器重，从这个角度来说，推卸责任就是推掉成功的机会。

在现实生活中，如果一个人勇于承担自己的责任，遇到责任不随意推脱，勇于担当，并能良好的审视，那他在成功的路上就会迈进一大步。

有这样一个故事：

美国芝加哥的一个公司需要3万套刀叉餐具，他们联系了一个专门生产这种餐具的犹太人。双方首次合作，犹太人非常珍惜这次合作机会，通过洽谈，他们签订了生产供货协议。双方商定交货期为三个月，如果不能按期保质保量地交货，即视为违约。

犹太人觉得这笔生意的利润还是不错的，并相信会按时赶制出来供货。不料在制作餐具的过程中，出现了一点麻烦，影响了产品的质量。犹太人一见，赶紧解决问题，把出现质量问题的餐具毁掉，重新生产。这样一来，就耽误了进度。

按理说，三个月交货，到两个半月时必须做完，然后包装运送，才能按时到达美国。可是由于出现失误耽误了进度，不能按期交货了。这弄得犹太人焦头烂额，手下人给他出主意，建议他写信给芝加哥总部，说明事情的经过，表示一下延期的歉意，相信那个公司会给以宽容和理解的。

犹太人认为不管原因如何，订立了协议就得按协议办事，自己若不能按期交货，就是违背了契约，如果请求对方延期，是不负责任的做法。结果，他一方面命令工作人员加快进度，一方面商量包飞机事宜，因为若不用轮船，而改用飞机来送货，就能赶在规定的期限交货了。手下人觉得这样做太亏本了，不但不能挣钱，至少还要亏上一万块钱，都纷纷劝阻。

可精明的犹太人难道不会算这笔账吗？但是在他眼里更多想到的是自

己的责任,既然自己当初承诺按期保质保量地完成,就不能以任何借口来推脱责任。他说宁可损失一万元钱,也不能亵渎了一份应该承担的责任。犹太人亏了钱,但是守住了信用。结果,这件事传开后,许多客户都来找他合作,很快生意就好了起来。他为以后的发展赢得了广阔的天地。

权力与责任是成正比的,如果你还没有锻造出一颗勇于担负责任的心,最好也不要对权力、事业产生太大的企图。如果你有"不停地辩解"的习惯,如果你习惯于说"我以为",那么请马上改掉,这都是拒绝承担个人责任的表现。而正确认识自己,专注自己的本职工作,勇于承担责任,找出自己可能忽视的一些问题,才是你努力成为一名优秀的榜样员工应该做的。

责任本来就是生活的一部分,如果你还在生活,就必须承担责任。当你说出"其实我没什么责任",或者"这根本就不是我的责任"时,很可能就是在逃避或者推诿责任,因为你根本不愿意承担责任带给你的重负和压力。一个人对工作不负责任的话,他便什么也做不到了。相信这个世界是公平的,他总是把最大的奖赏归属于能尽职尽责的人。

2. 承担属于自己的那一份责任

养成对工作负责的习惯,是每个员工必须要做到的。责任就是一个优秀员工的显著标志,我们没有理由拒绝承担责任,因为责任能让我们更加出色。

一个员工要培养勇于负责的习惯、勇于负责的精神,说到底就是一种踏踏实实地把工作做好、做到底、做成的态度。活在这个世界上的人,无论是身居高位的人,还是普普通通的人,都要承担属于自己的那一份责任,仅是责任的大小不同而已。

"天下兴亡，匹夫有责。"这是顾炎武对责任的追求，我们也可以套用一下：企业兴亡，员工有责。勇于负责是每个员工都需要具有的工作精神，我们要学会从担负责任的角度入手，对自己所从事的工作一直保持清醒的认识，努力培养自己勇于负责的工作习惯，只有这样才是成功的最佳方法。

一位商界骄子说过："人生所有的履历都必须排在勇于负责的精神之后。"是的，工作中勇于负责是一种具有巨大力量的精神，它可以改变工作中的一切。勇于负责的精神，可以改变我们平庸的工作状态，让我们从平凡变得优秀；它还可以帮助我们赢得别人的信任和尊重；还有更重要的是，勇于负责的精神可以使我们获得好机会的眷顾，从而使自己的工作和事业走向更高的阶段。假如你是一个工作勤奋、头脑也还灵活的员工，但是工作成绩依然平平，那么你就该审视一下自己勇于负责的精神和勇气是否有所欠缺了。因为，勇于负责就是你改变现状的不二法宝。

现在很多老板都向员工强调了责任的重要性，能负责任就是一种能力。我们衡量一个人是否能胜任工作的重要标准就是具备什么样的能力，而能力的大小是自身素质的体现，这种素质的体现是需要责任感来实现的。一个人所具备的能力中，一个重要的体现就是做事情是否具备责任心，因为这是确保事情能够圆满完成的必要条件。一个具备能力而又有责任心的人，不论什么场合，什么时间，办什么事都会游刃有余，反之，一个能力超强的员工如果没有责任心，就会在工作中粗心大意，不能踏踏实实地做好事情。责任心在任何时候都是不能被忽略的，"锁定责任就是锁定结果"不是一句空话，我们确保自己产品的质量和服务能达到预期的要求是需要用责任来保证的，员工如果没有责任意识，这一切皆无从谈起。

在香港一家电脑销售公司里，由于业务需要，领导让李明和王亮去做市场调查，看看供货商那里电脑的具体情况。

李明十分钟就回来了，因为他根本没有去市场上调查，而是向同事问了一下供货商的情况，就到领导那里做了汇报。两个小时之后，王亮才回来汇报。原来，王亮有一个工作习惯，无论什么事，都要做到仔细、负责。这次也一样，他亲自到供货商那里了解了电脑的数量、价格和质量。根据公司的采购需求，把供货商那里最有代表性的商品做了详细的记录，并和供货商的销售负责人取得了联系。就在他返回途中，还去了另外几家供货商那里了解了一些相关信息，并且将这几家供货商的情况做了详细的比较，制订出了购买方案。

第二天公司开会，李明被老板当着大家的面训斥了一顿。而王亮，因为工作责任感强，在会议上受到老板的大力赞扬，并当场给予了奖励。

正是王亮对待工作的责任感，让他给领导留下了好印象，使自己脱颖而出，也正是这种认真负责的工作态度，让他获得了发展的机会。

在我们的工作中，一样要有高度的责任感，只有这样，才能成为企业需要的人，因为没有一个企业希望自己的员工在问题面前胆小怕事。正如一位管理专家说的那样："我警告我们公司里的人，如果有谁做错了事，而不敢承担责任，我就开除他。因为这样做的人，显然对我们公司没有足够的兴趣，也说明了他这个人缺乏责任心，根本不够资格成为我们公司里的一员。"

工作总是会给每个真心付出的员工以回报，荣誉也好，财富也罢，条件就是你首先要是一个勇于负责的人。一个员工具备了勇于负责的精神之后，就会产生改变一切的力量。

"好习惯能成就事业的好结果，坏习惯会造成事业失败的坏后果。"霍英东这样理解习惯对于工作的作用。习惯可以决定成败，有什么样的习惯就会有什么样的结局。不管做什么工作，都应首先静下心来，然后脚踏实地地去做。工作中，你把时间花在什么地方，你就会在那里看到收获的成绩。只要你是勇于负责的员工，只要你是认认真真工作的员工，你的一切都会被大家看在眼里，你的行为就会受到领导的赞赏和鼓励。所以，对工作负责是我们无论如何都要养成的好习惯之一。

3. 优秀的员工会对自己工作的结果负责

对结果负责的人，就是对自己负责的人。所有的优秀人才，都有一个共同的特点，那就是对自己的行为负责。进入公司，就意味着在你的人生中，每天都要用工作结果来交换自己的工资，也要用结果来证明自己的价值。结果怎样，与其他人无关，只在于你是不是一名合格的员工或合格的管理者，在于你是不是真正地对企业、对自己有价值。

任何伟大的人生，都是每天结果的累加。没有每天卓越的结果，就没有伟大的成就。这说明，你的人生价值完全掌握在自己的手中。所以，我们要懂得一个基本道理：对结果负责。

很多时刻，我们往往会遇到一些看似不能完成或者是你认为超乎想象的任务，而老板和公司正在等待你的结果。

这时你千万不要退缩，不要抵触，不要猜疑……因为你被要求提供结果，同时也意味着你正在承担一种责任。而你现在要做的，就是背负责任不要逃避，对自己负责，对结果负责。

三星公司开发笔记本电脑要比索尼公司晚得多，但是现在三星的新产品活力十足，源源不断，而索尼的新产品却是"千呼万唤始出来"。

当年，索尼的笔记本电脑因为设计精巧而在市场上很畅销。三星公司为了与索尼公司的经典产品一比高下，决心开发出比索尼更轻更薄的新款笔记本电脑。

于是，三星高层要求研发人员按照比索尼公司同类产品"至少薄1厘米"的高标准来努力。尽管，这在当时看来，几乎是一个不可能完成的任务，但是三星的研发人员经过8次反反复复的实验与提高，还是实现了这个看似不可能完成的目标。

主攻技术创新的陈大济（2003年3月被任命为韩国信息通信部部长），带领研发团队接了这项艰巨的任务。当时正是全球经济不景气，其他企业纷纷缩减研发经费之际，陈大济和研发人员勇敢地承担起责任，并没有因为"这是不可能完成的任务"而放弃努力。

因为他们知道，如果实现不了比索尼产品"至少薄1厘米"的目标，三星笔记本电脑就超不过索尼，就没有整个三星公司的强大。对结果负责，对公司的责任感，促使三星的研发人员不断攻克技术难题，成功地实现了在别人看来不可能实现的结果。

当全球最大的计算机公司戴尔看到三星的这些产品后大吃一惊，赶紧派人到三星采购。由此，三星顺利地从戴尔手中得到了160亿美元的采购合同，使三星一跃成为全球制造高端笔记本最强大的企业之一。

由此，我们可以得出一个结论，成功的企业或成功的人，与财源、机会、性格、知识，甚至民族、种族都没有必然的联系，在他们身上，只有一点是共同的——对结果负有强烈的责任感。

如果你想成为卓越的人才，如果你想要成功，那么就要问问自己是否对结果真正负责。"人人各司其职，对结果负责，重视事实与数据"是戴尔企业文化之一。

无独有偶，微软公司的价值观中也有这样一条：信守对客户、投资人、合作伙伴和雇员的承诺，对结果负责。

有足够的责任心，才能把事情做好。微软公司要求每一个部门、每一个员工都要有自己明确的目标，同时，这些目标必须是"SMART"的，也就是：

S: Specific（特定的，范围明确的，而不是宽泛的）

M: Measurable（可以度量的，不是模糊的）

A: Attainable（可实现的，不是理想化的）

R: Result-based（基于结果而非行为或过程）

T: Time-based（有时间限制，而不是遥遥无期的）

只有每个人都拥有了明确的目标，并随时检查自己是否达到了预先设定的目标，公司员工才能在工作中表现出强烈的责任感和工作热情。

4. 工作，就意味着你必须担负责任

工作意味着责任，工作的底线就是尽职尽责。在这个世界上没有不需要承担责任的工作，也没有不需要完成任务的岗位。对于工作，要百分之百地投入，不要想投机取巧，也不要耍小聪明。任何虚假和带有水分的工作，都是不负责任的表现，不但是对公司不负责，也是对自己不负责。

在不少人眼里，成绩是自己的，问题总是别人的，当出现问题的时候，总是把问题归罪于外界或者他人，总是寻找各式各样的理由和借口来为自己开脱，其实这既是不负责任，也是一种愚蠢。

要知道，任何借口都是无理的，都不能掩盖已经出现的问题，也不会减轻要承担的责任，更不会让你把责任推掉。当问题出现时，与其为自己找寻借口，倒不如坦率地承认与承担。因为，每一个老板都清楚地知道，一个勇于承担责任的员工对于公司的重要意义。一个遇到问题就千方百计推卸的人，你能指望他为你担当什么？

松下幸之助说过："偶尔犯了错误无可厚非，但从处理错误的态度上，我们可以看清楚一个人。"老板欣赏的是那些能够正确认识自己的错误，并及时改正和补救的员工。勇于承认错误，你给人的印象不但不会受到损失，反而会使人尊敬你，信任你，你在周围人心中的形象反而会高大起来。

丹尼斯是一家商贸公司的市场部经理。在他任职期间，曾犯过一个差错，他没经过仔细调查研究，就批复了一个员工为华盛顿某公司生产3万

部手机的报告。等产品生产出来准备报关时，公司才知道那个员工早已被"猎头"公司挖走了，那批货如果到了华盛顿，可能会无影无踪，货款自然也会打水漂。

丹尼斯一时想不出补救对策，在办公室里焦虑不安。这时老板走了进来，他见丹尼斯的脸色非常难看，就想问他怎么回事。还没等老板开口，丹尼斯就立刻坦诚地向他讲述了一切，并主动认错："这是我的失误，我一定会尽最大努力挽回损失。"

丹尼斯的坦诚和敢于承担责任的勇气打动了老板，老板答应了他的请求，并拔出一笔款让他到华盛顿去考察一番。经过努力，丹尼斯联系好了另一家客户。两个月后，这批手机以比之前在报告上写的还高的价格转让了出去。丹尼斯的努力得到了老板的承认。

可见，要想成功并非难事。只要我们愿意主动面对错误，在错误中不断地学习，并从中吸取教训，学得经验，就不会重蹈覆辙。只要我们有勇气认识错误，改正错误，弥补错误，就能取得成功。

在美国前总统杜鲁门的办公桌上摆着一个牌子，上面写着"问题到此为止"。这就是责任！

如果在工作中，对待每件事都是"问题到此为止"，那么可以肯定地说，这样的公司将会在商海中纵横睥阖，叱咤风云，这样的员工将会赢得所有人的尊重和赞誉。如今，企业老板越来越需要那些敢作敢当、勇于承担责任的员工。因为，在现代社会里，责任感是很重要的，不论对于家庭、公司，还是你周围的社交圈子，都是如此。

有这样一则故事：

小田千惠是日本索尼公司销售部的一名普通接待员，工作职责就是为往来的客户订购飞机票、火车票。有一段时间，一家与索尼公司有业务联系的美国大型企业总裁，经常乘坐列车往返于东京和大阪两地之间。

后来，他发现了一个非常有趣的现象：他每次去大阪时，座位总是紧邻右边的窗口，返回东京时，又总是坐在靠左边窗口的位置上。这样每次在旅途中他总能在抬头间就可以观望到富士山的美丽景色。

带着好奇，这位总裁去销售部询问了一下。小田千惠笑着解释说，"很多外国人都喜欢富士山的美景，所以，每次我都特意为您预订了能够一览富士山的位置。"

听完小田千惠的话后，这位美国总裁内心震撼，不由得感谢和夸奖道："谢谢，你真是一个很出色的职员！"

小田千惠笑着回答说："这完全是我职责范围内的工作。在我们公司，其他同事比我还要更加尽职尽责呢！"

美国客人在感动之余，对索尼的领导层感慨地说："像这样一件小事，贵公司的职员都想得如此周到细心，毫无疑问，你们一定会对我们即将合作的庞大计划尽心竭力的。所以与你们合作我没有一点担心！"之后，美国总裁将贸易额从原来的500万美元一下子提高至2000万美元。

不久，小田千惠就由一名普通的接待员提升至接待部的主管。

责任向来都是与机会携手而行的，没有责任就没有机会，责任感越强机会就越多。像小田千惠这样将责任根植于内心的人，无疑是企业里的员工标兵。也正因为她具有自觉的责任意识，才使她的工作做得出色而卓越。

负责任、尽义务是成熟的标志。有道是："做人与做企业是一样的，第一要诀就是要勇于承担责任，勇于承担责任就像是树木的根，如果没有了根，那么树木也就没有了生命。"一个不能承担责任的员工，不但得不到晋升，甚至连工作机会都可能丧失掉。因此，可以说，没有责任感的军官不是好军官，没有责任感的公民不是好公民，没有责任感的员工也绝不会是好员工。

总之，任何公司都会看重有责任心的人，都会将责任心视为评价员工、提携晋升的核心参数。只有责任感才能够让个人的价值得到实现，也只有具备尽职尽责精神的人，才会受到企业的重视和提拔。

5.责任感的高低往往决定绩效的好坏

一个人责任感的高低,往往决定了他工作绩效的好坏。当上司因为你的工作很差批评你的时候,你首先问问自己,是否为这份工作付出了很多,是不是一直以高度的责任感来对待这份工作?因为一个负责任的人是不会交出一份白卷的。

管理学家认为,责任首先是员工的一份工作宣言。在这份工作宣言里,首先表明的是你的工作态度:你要以高度的责任感对待你的工作,毫不懈怠,对于工作中出现的问题敢于承担责任。这是保证你的任务能够有效完成的基本条件。

请看下面的故事:

两个青年同时到一家企业面试。两个人的表现都很出色,难分伯仲,但是公司只能录取一个人。老板说:"这样吧,我给你俩一个任务,你们试着把我们这次生产的皮鞋推销到非洲××岛上,然后给出你们的答案。"

一个青年自告奋勇地先去了。

一个月之后回来了。他说:"并不是我推销不出去我们的皮鞋,问题的关键是那个岛上的人根本就不穿鞋,我也没办法。他们那里根本就没有什么市场,到那里去推销皮鞋,简直是白费劲。如果您事先告诉我那个地方的人根本不穿鞋,我就不会去了。我认为聪明的人应该到一个适合他工作的地方去,而不是走弯路。这就是我的答案。"

另一个人也去了那个非洲岛屿。过了一个月,他也回来了。他高兴地对老板说:"那个地方的市场太大了,简直超乎我的想象。那里的人根本就不知道穿鞋的好处,我请他们尝试一下,如果好就付钱,如果不好,没关系,可以退回。没想到,他们穿上之后就不想再脱下来了。这次生产的皮鞋被订购一空,我还带回来很大一笔订单。"第二个人用自己的行动给了老板一个令人惊喜的答案。

结果已经很清楚了。老板说:"一个真正的人才,绝不是自封的,而是能够实实在在地创造出自己的价值。后去的应聘者用行动告诉我,他是一个值得委以重任的人,因为他负责。"

第二个人的确值得委以重任,因为他是一个能够对工作负责到底的人。他没有强调整个推销过程的辛苦,而是把最终完成任务的结果告诉了老板。由于他负责的态度,最终赢得了赏识。

一个人承担的责任越大,证明他的价值就越大。所以,你应该为自己所承担的一切感到自豪。想证明自己最好的方式就是去承担责任,如果你能担当起来,那么祝贺你,因为你不仅向自己证明了自身存在的价值,还向社会证明了你能行,你很出色。

一旦领悟了全力以赴地工作能消除工作的辛劳这一秘诀,人们就掌握了打开成功之门的钥匙。能处处以主动尽职的态度工作,即使从事最平庸的职业,也能找到实现个人价值的途径。

很久很久以前,一个有钱人要出门远行,临行前他把仆人们叫到一起,并把财产委托他们保管。依据每个人的能力,他给了第一个仆人10两银子,第二个仆人5两银子,第三个仆人2两银子。拿到10两银子的仆人把它用于经商并且赚到了10两银子;同样,拿到5两银子的仆人也赚到了5两银子;但是拿到2两银子的仆人却把它埋在了土里。

过了很长一段时间,他们的主人回来与他们结算。拿到10两银子的仆人带着另外10两银子来了,主人说:"做得好!你是一个对很多事情充满自信的人。我会让你掌管更多的事情。现在就去享受你的奖赏吧。"

同样,拿到5两银子的仆人带着他另外的5两银子来了,主人说:"做得好!你是一个对一些事情充满自信的人。我会让你掌管很多事情。现在就去享受你的奖赏吧。"

最后，拿到 2 两银子的仆人来了，他说："主人，我知道你想成为一个强人，收获没有播种的土地。我很害怕，于是把钱埋在了地下。"

主人回答道："又懒又没有担当的人，你既然知道我想收获没有播种的土地，那么你就应该把钱存到银行家那里，以便我回来时能拿到我的那份利息。"

主人最后把他的 2 两银子也给了有 10 两银子的仆人。"我要给那些已经拥有很多并能够担当的人，使他们变得更富有；而对于那些缺乏责任感且没有担当的人，就连他们最后的一点我也要拿走。"

这个仆人原以为自己会得到主人的赞赏，因为他没丢失主人给的那 2 两银子。在他看来，虽然没有使金钱增值，但也没丢失，就算是完成主人交代的任务了。然而他的主人却不这么认为，他不想让自己的仆人不敢担当、不愿担当，而是希望他们能负起自己的责任来，把身上担负的职责做得更好。

每一个员工都希望把自己的工作做得更好，都希望通过自己的努力来增加收入，提升职位，获得认可。没有人愿意一事无成，也没有人想在自己的工作中找不到实现自己价值的台阶，甚至退步或者是离开。

做最好的员工，也要做更好的员工。这是每个人的目标，是和每个人的生活密切相关的事情。

对我们而言，无论做什么事情，都要记住自己的责任，无论在什么样的工作岗位上，都要对自己的工作负责。

6. 做解决问题的员工

一个勇于负责的员工应当在老板需要的时刻挺身而出，为老板分担风险，这样你必将赢得其他同事的尊敬，更能得到老板的信任和器重。

好员工的核心素质是：当遇到问题和困难的时候，他们总是能够主动去找方法解决，而不是找借口回避责任，找理由为失败辩解。

当今社会的企业老板们经常探究一个问题：哪一种员工在自己的心中最有分量呢？哪一种员工最能脱颖而出呢？

那就是积极找方法解决问题和困难的高效率员工！

在抗洪抢险中，当堤坝上出现缺口的时候，谁在附近谁就用身体堵上去，因为那是关键时刻，刻不容缓。同样，公司的经营和运转也像堤坝一样随时都会出现各种意外的事情，给公司和老板带来棘手的问题，有些迫在眉睫，必须马上解决，这时候你就要在衡量自身能力的情况下，挺身而出，主动解决所遇到的问题或困境。

不要在心里说：反正不是我的事，还有别人，我干嘛出头，做吃力不讨好的事？不要以为自己现在还处于公司最底层就逃避责任，就不敢去做，犹豫徘徊。

一块大石头往往需要小石头支撑才能放稳。有时候，下属的补充正好可以弥补老板在管理上的不足，这也是优秀员工应当承担的责任之一。

一位咨询公司的顾问谈起了他曾经服务的一家公司，该公司老板精力旺盛，而且对流行趋势的反应极其敏锐，他才华横溢、精明干练，但是管理风格却十分独裁，对下属总是颐指气使，从不给他们独当一面的机会，人人都只是奉命行事的小角色，连主管也不例外。

这种作风几乎使所有主管离心离德，多数员工一有机会便聚集在走廊上大发牢骚。乍听之下，不但言之有理而且用心良苦，仿佛是在全心全意为公司着想，只可惜他们光说不练，把上司的缺失作为自己工作不力的借口。

一位主管说："你绝对不会相信。那天我把所有事情都安排好了，他却突然跑来指示一番。就凭一句话，把我这几个月来的努力一笔勾销，我真不知道该如何再做下去。他还有多久才退休？"

然而，有一位叫李祥的主管却不愿意加入抱怨者的行列。他并非不了解顶头上司的缺点，但他的回应不是批评，而是设法弥补这些缺失。上司颐指气使，他就加以缓冲，减轻属下的压力，又设法配合上司的长处，把努力的重点放在能够着力的范围内。

受差遣时，他总是尽量多做一步，设身处地地体会上司的需要与心意。如果奉命提供资料，他就附上资料分析，并根据分析结果提出建议。

有一次，老板外出。在那天半夜里，保安紧急通知几位主管，公司前不久因违纪开除的三名员工纠集外面一帮"烂仔"打进厂里来了，已打伤了数名保安和员工，砸烂了写字楼玻璃门。其他几位主管因为对老板心怀不满又不愿担负责任，就干脆装作不知道。而当李祥接到通知后，立刻赶赴现场，他首先想到的就是报警，接着又请求治安员火速增援。为控制局面，他用喇叭喊话，同对方谈判，稳住对方，直到民警和治安队员赶来将这帮肇事者一网打尽。

这件事情过后，李祥赢得了其他部门主管的敬佩与认可，老板也对他极为器重，公司里许多重大决策必经他的参与及认可。

企业的发展不可能风平浪静，老板的才能也不可能没有欠缺。一个勇于负责的员工应当在老板需要的时刻挺身而出，而那些多一事不如少一事，逃避责任的员工，是永远都不会进入老板视野的，也永远成不了公司的骨干员工和发展的核心力量。

找借口的人，是不会主动想办法解决问题的，哪怕有现成的办法摆在他面前，他也难以接受。

只有积极找办法的人，才能弥补领导的不足，成为企业老板们的左膀右臂。

四、尽心尽力，工作主动不找任何借口

不尽心，难卓越；不尽力，难成功。所以，尽心尽力才能尽责。心里装着公司，时时想着公司，事事向着公司，尽心尽力，我们将能承担更多的责任，做更多的事情，实现更多的业绩。尽力是最佳的职业状态；尽心是最高的职业境界。只有尽心工作，才能脱颖而出；只有做事尽心，才能与众不同。

1. 履行职责的程度反映了对企业的忠诚度

认真履行职责，对忠诚者来说是最基本的要求，也是最重要的要求。

履行职责给了每一个员工实现忠诚的机会，因为每个人都有履行职责的机会，而履行职责又是忠诚的体现。除此以外，履行职责也是对每一个想成为忠诚员工的人的一种激励：你不必惊天动地，也不需要有丰功伟绩，你就可以成为老板心目中的忠诚员工。

履行职责，就是认真地完成本职工作，包括每一件小事都积极主动地去做，每一件事都努力地去完成。不愿意做、不屑于做或者根本不能做，这是谈不上履行职责的。

履行职责就是和那些不愿意履行职责的人划清界限，规避他们推诿、逃避、寻找借口、拖拉的坏习惯。因为这些坏习惯都会影响到职责的履行，不是忠诚员工应有的表现。

当然，并不是每个人都能够履行好职责的，事实上，很多学生在踏入社会时，都曾满怀激情，决心要好好工作，做出一番成就。可惜，在他们进入某个企业之后，就被办公室里原来那些不求上进的人给同化了，最终变得安于现状，不愿意努力工作了。曾有人对办公室职员的工作情况进行过研究，发现工作最主动，每天来得最早、走得最晚，工作态度最认真的，往往都是新来的员工。

那些几十年如一日待在办公室某个角落里，干着微不足道的事情，拿着可怜薪水的员工，他们已经陷入了一种叫"职场道德风险"的漩涡中，而且越陷越深。这些人在工作中尽量不犯错，但是也不努力工作，力求做到不求有功但求无过。他们不知道不履行职责其实也是一种"过"，终有一天会被老板辞掉的。

人力资源管理学教授曾经给学员们讲过这样一个例子，用来说明不履行职责也是一种"过"，再形象不过了。

"菲尔先生，这是新来的同事鲍伯先生，先让他跟您在一间办公室里办公，他需要全面了解一下各部门的情况，拜托您好好带带他！"老板郑重其事地对菲尔说。

"好的，请您放心！"菲尔见老板如此信赖地把新同事托付给自己，不禁有些受宠若惊。

……

"鲍伯先生，我们去参观一下企业吧！"

"参观企业？"鲍伯不解地问道。

"是啊，要是我们在办公室待得烦闷了，想外出逛逛，那就说去参观企业。擅自离开工作岗位，老板见了当然恼火，所以我们要找一个理由，别忘了把文件夹、账簿或货单诸如此类的东西带在身边，做出一副办公事的样子……"

"真……有意思。"鲍伯说。

"喏，这是您的办公桌，"菲尔说，"这儿有咖啡，按规定只能在休息时间喝，不然顾客来了，看见我们在喝咖啡，就会留下不好的印象。为此我们想出一个专门的办法。你瞧，很简单，我们把办公桌下方的抽屉腾空，抽出来，放上咖啡杯，有人一来，马上放进去，关上。"

"这……可真实用。"鲍伯说。

"有一点我提醒你注意，如果早上睡过了头，千万别马上赶过来，迟到给人的印象很不好。干脆打个电话来，说你在医院或带着孩子在哪儿看病，要来得再迟一点，你可以利用这个时间去理理头发……"

"这种见解……似乎挺合乎逻辑的。"

"对了，鲍伯，老板为什么要你熟悉各部门的情况呢？"

鲍伯答道："因为老板一退休，我就要接替他。不过很遗憾，您看不到那一天了——请您马上把辞职报告交到我父亲那儿去吧！"

事实证明不履行本职工作的员工迟早会被老板解雇掉，现在不解雇只是老板不知道。所以，要想成为老板器重的员工，你就需要认真履行本职工作，因为履行职责的程度代表了你对企业的忠诚程度。

很多人都习惯于用工龄长短来衡量忠诚度，甚至强调工龄工资。有的人之所以长时间待在企业里，是因为找不到更好的工作，只能在这里混日子。他熟悉这里，能够混下去，换个地方他就混不下去了。我们在考察忠诚度时，除了看工龄外，更要看他的工作业绩和对待工作的态度。

一个不能创造价值的人，在企业里待得越久，企业损失越大，这样的"忠诚"宁肯不要。聪明的老板会不断地给企业"换血"，补充新鲜血液，减少老员工的数量，而且他们每次换下来的都是那些不够忠诚，不认真履行职责的人。而那些对企业忠诚、勤奋敬业的员工是不可能被换下来的。

认真履行职责不是空喊口号就行的，需要在工作中出色地履行职责来证明自己。在一个企业里，老板希望他的每个员工都能够坚守自己的岗位，认真履行自己的职责，因为员工的业绩就是企业的业绩，企业的发展是离不开员工尽心尽力地工作的。

事实上，认真履行职责是员工表现忠诚、谋求发展的锐利武器，拥有这一武器的人，不仅可以保住自己的职位，还有可能获得发展的机会，升职加薪，实现自己的人生价值。

履行职责，还需要具备履行职责的能力。员工应该全面提高自己的素质和能力，让自己成为一个擅长于履行职责的人。

很多优秀的企业都在人才选拔关就设定了适当的要求，以确保进入企业的人才具备履行职责的能力。下面是松下企业据以判断员工是否具有履行能力的十项标准，你可以对照着来要求自己，完善自己。

（1）不辱企业使命，虚心好学。

（2）不墨守成规，经常创新。

（3）忠诚、热爱企业，和企业共命运。

（4）不自私，能为团队着想。

（5）能够做出正确的价值判断。

（6）有自主经营能力。

（7）随时随地都是一个热忱的人。

（8）能够得体地给上司提出建议。

（9）具有强烈的责任意识。

（10）有担当企业经营重任的气概。

既然履行职责是最大的忠诚，是赢得老板信赖和赏识的有力武器，那么就认真履行你的职责吧，通过它来实现你的人生价值！

2. 糊弄工作就是糊弄自己

在职场中，有一种很普遍的现象：每天走进办公室，很多人想的不是如何更好地完成工作，而是处心积虑地去糊弄工作，能少干一分，绝不多干一分。"给多少钱，就干多少事"是这类人的共同心态。他们自以为很聪明，马马虎虎应付完每一天的工作，常常暗自窃喜。殊不知，糊弄工作，就是在糊弄自己。

无论在什么地方，那些糊弄工作的人都会成为裁员的"热门人选"。对于一个企业来说，拥有优秀的员工，企业的发展才能蒸蒸日上。如果公司内有太多的糊弄员工而不及时剔除的话，就会像一个烂苹果迅速使箱子里的其他苹果也腐烂一样，他们也会把企业慢慢腐蚀掉。

如果把工作比作航船的话，对工作负责的员工总是坚守着航向，这个航向是他们自己决定的，即使有大风大浪，他们也能镇静地掌稳船舵，驶向远海。相反，那些糊弄工作的员工，他们的航向一会儿往东，一会儿往西，他们的许多时间都浪费在寻找"更好的"工作上，却一次次被拒之于工作的大门外。

身在职场，只有对工作认真负责才是真正的聪明。你只有怀着高度的责任感，每天出色地完成工作，才有可能很快获得提升；反之，如果你对公司的兴亡完全不放在心上，对工作只是敷衍了事，那么你也将成为公司首先考虑的辞退对象。

每个老板都是不容易糊弄的，他们是不会容忍那些只知拿薪水，却对工作不负责任的员工的。

戴尔公司董事长兼 CEO 迈克尔·戴尔对此深有同感。当问到迈克尔解雇一名"最差"员工通常采用什么方法时，迈克尔回答说："动作要快，越快越好。如果有人持续表现欠佳，你可能以为等待会对他有利，那你就全错了。实际上，他会把事情搞得更糟。"

早晨的闹铃响了好几遍，尚佳食品公司的销售人员张涛才从床上挣扎起来，脑子里第一个感觉就是：痛苦的一天又开始了。他匆匆忙忙地赶往公司，早餐也顾不上吃。跨入公司大门，还是神情恍惚，坐在会议室睡眼惺忪地听着经理布置工作……一天痛苦的工作之旅就这样开始了。

张涛上午拜访客户，结果遭到拒绝和冷遇，心情简直糟透了，仿佛世界末日即将来临。下午下班前回到公司填工作报表，胡乱写上几笔凑合一下交差……一天就这样结束了。

平时没有花时间学习，懒惰，思想消极，从不好好去研究自己的产品和竞争对手的产品，没有明确的计划和目标，从不反省自己一天都做了些什么，有哪些经验、教训，从不认真去想一想顾客为什么会拒绝，在销售产品的过程中为顾客带来了什么样的服务和满足，简直就是当一天和尚撞一天钟，混一天算一天……这就是张涛真实的工作写照。

到了月底一发工资，才这么点，真没意思，看来该换地方了，于是张涛很牛气地炒了老板的鱿鱼。一年下来，换了五六个公司。日复一日，年复一年，时间就这样耗尽了。结果是一无所获，一事无成，一穷二白！

由此可见，在职场中，只有认真工作才是明智之举。职场中提升最快的往往是那些工作认真、踏实肯干的人。而那些表现欠佳、应付工作的"最差"员工，往往是公司最先考虑的辞退对象。

有人竟然错误地认为，老板不在身边而卖力工作的人是笨蛋。这无疑是非常愚蠢的想法。殊不知，老板不在身边而更加卖力工作的人，将会获得更多奖赏，不仅仅是来自老板的奖赏！

自发自愿地做事，同时为自己的所作所为承担责任，是可以成就大业的。他们与那些凡事得过且过的人之间最根本的区别是，他们懂得自己该做什么，并且勇于为自己的行为负责。

每个雇主总是在不断地寻找能够助自己一臂之力的人，同时也在抛弃那些不起作用的人——因为任何阻碍公司发展的人都要被裁掉。

任何一个企业都有一个持续的整顿过程。雇主会不间断地送走那些显然无法对公司有所贡献的员工，同时也吸纳新的员工进来。不论业务多么繁忙，这种整顿会一直进行下去。那些不能胜任、没有敬业精神的人，都会被摒弃在就业的大门之外；只有那些勤奋能干、自动自发的人，才能受到重用。

作为一名员工，自己应该做的事情一定要保质保量完成。不要以为自己不做会有人来做；也不要以为自己稍微不负责不会有人发现，或对企业不会有什么影响；也不要只注意数量而不在意质量，潦潦草草地完成任务。

或许你会说：这不是我的职责范畴，我瞎操什么心呀。如果总是抱着这样的想法，不管你的工作环境多么优越，你成功的希望也是非常渺茫的。而且你的这种不负责的态度，随时有可能给单位造成不可估量的损失。

有一句话想必大家早已耳熟能详："今天工作不努力，明天就要努力找工作。"其实我们也可以这样说："今天你糊弄工作，明天工作也会糊弄你！"如果今天你对工作完全不负责任，处理事情错漏百出，那么明天你很可能会成为公司的裁员对象。

有句话说得好："责任保证一切。"的确如此，责任保证了信誉、保证了服务、保证了敬业、保证了创造……正是这一切，保证了企业的竞争力。无论你在单位从事何种工作，你一定要认认真真、一丝不苟地对待工作，因为，糊弄工作就是糊弄自己！

3. 职场中没有"份外"的工作

同样的环境，同样的能力，为什么有些人到了一家公司，短时间内就能受到主管或老板的器重，迅速升职和加薪，而有些人却在一个岗位上做了很长时间，也晋升不上去呢？很大一个原因，就是是否甘愿多奉献一些，是否把职场中的"份外"事情少撇清一些。

心理学家曾对1000名创业成功者进行调查研究，归纳出这些成功者都有一个共同的特质：就是在干好份内工作的基础上，不把"份外"的工作撇清，具有一种主动奉献精神，并一直保持积极的进取意识。

专家的研究成果告诉我们：每个人身上都有巨大的潜能没有发挥出来。美国学者詹姆斯经研究认为，普通人只发展了他蕴藏潜力的1/10，与应当取得的成就相比，只不过发挥了一小部分能量，只利用了身心资源的很小一部分。只有具备积极的自我意识，拥有主动的奉献精神，一个人才会释放更多的能量，赢得更多的机会，进而从众多员工中脱颖而出。

在当今社会竞争越来越激烈的情势下，个人要想得到良好的发展，必须拥有较为宽广的眼界，保持一种主动率先的精神。多做一些"份外"的工作，或许会多消耗你一些个人的时间与精力，但与此同时，你有可能会获得更多展现自我的机会。要知道，超过别人所期望你做的，会使你更容易如愿以偿。所有事业成功的人和工作平庸的人之间最本质的差别在于，成功者将工作当作一种储备，多多益善，而工作平庸的人则死守职责，对职责外的工作置若罔闻。所以，不要总拿"这不是我职责内的工作"为由来推脱责任，当额外的工作分摊到你头上时，这也可能是一种机遇。

卡洛·道尼斯先生来到一家进出口公司工作后，晋升速度之快，让周围的所有人都惊讶不已。一天，道尼斯先生的一位知心好友怀着强烈的好奇心询问他这个问题。

道尼斯先生听后漫不经心地耸了耸肩，笑着答道："这个嘛，很简单。当我刚开始去杜兰特先生的公司工作时，我就发现，每天下班后，所有人都回家了，可是杜兰特先生依然留在办公室里工作，而且一直待到很晚。为此，我决定下班后也留在公司里。是的，确实没有人要求我这样做，但我觉得自己应该留下来，在杜兰特先生需要时为他提供一些帮助。工作时杜兰特先生常会找文件、打印材料，以前这些事都是他自己亲自去做。很快，他就发现我时刻在等待他的吩咐，久而久之逐渐养成了召唤我的习惯。我积极主动的工作给他留下了良好的印象。这就是我晋升的原因。"

这个例子告诉我们，快速成长和晋升的人会比一般员工做更多的事，承担更多的责任，如果只是被动地从事本职以外的工作，那么你将无法争取到老板和领导对你更充分的评价。中国有位著名的企业家也说过："除非你愿意在工作中超过一般人的平均水平，否则你便不具备在高层工作的能力。"

在当今的商业社会，传统的对待职业的态度，已经越来越无法适应了，只做到恪守职责已远远不够。那些事事待命而行、满足于完成交付给自己的任务的员工，将会在工作竞争中逐步被淘汰。只有那些像卡洛·道尼斯这样积极、主动，全身心投入工作中的员工，才是企业真正需要的人，也才可能更有机会登上成功之梯。

无论你的想法是什么，目标有多么远大，要实现它，你必须干得比其他人更多。不要像机器一样只做分配给自己的工作。一些看起来似乎很平凡的事，你默默地多做一些，多承担些责任，多为公司和老板分担一些，公司和老板自然会给你更多的发展机会。

总之，所有事业成功的人和工作平庸的人之间最本质的差别在于，成功者将工作当作一种储备，多多益善，而工作平庸的人则死守职责，对职责外的工作置若罔闻。

4. 主动工作，自然会脱颖而出

事业颇有成就的人都有一个相同的特点，他们对自己的工作要求都非常严格，从来不用别人监督或强迫，主动自发已经成为他们的工作习惯。因为他们知道，要获得工作中的出色和事业上的成功，就不能只是满足于目前的工作状况，而是应该更好地、积极主动地投入到工作中去。

在公司的很多员工中，有些人走向了成功，有些人却仍旧默默无闻。为什么会造成这么大的差距呢？答案只有一个，那就是：主动自发地工作。

然而，我们不愿看到的情况是，很多年轻人，工作完全处于被动的状态，他们每天在茫然中上班、下班，到了固定的日子领回自己的薪水，高兴一番或者抱怨一番之后，仍然茫然地去上班、下班……他们从不关心自己的工作：今天的工作好坏可以对付过去了；明天老板让干什么，他们就去干什么；没有必要为自己制订一个月或半年的工作计划；公司有什么难题，自己不必去操那份心，干一天算一天；不是自己的事则高高挂起……这样的员工只是被动地应付工作，为了工作而工作，他们不可能在工作中投入自己全部的热情和智慧。他们只是在机械地完成任务，而不是创造性地、主动自发地工作。

成功取决于态度，成功也是一个长期努力积累的过程，没有谁是一夜成名的。所谓的主动，指的是自主行动，无须任何外力推动的行为，而且随时准备把握机会，展现超乎他人要求的工作表现，以及拥有"为了完成任务，必要时不惜打破常规"的智慧和判断力。工作中包含了一个人的诸多潜质，包括智慧、热情、信仰、想象力和创造力。

来自纽约州的塞尔玛陪丈夫驻扎在一个沙漠的陆军基地，丈夫奉命到沙漠腹地参加军事学习。年轻的塞尔玛孤零零一个人留守在一间集装箱一样的铁皮小屋里，这里是沙漠边缘，炎热难耐，周围只有墨西哥人与印第安人。他们不懂英语，无法与之进行交流。塞尔玛寂寞无助，烦躁不安，于是写信给她的父母，想离开这个鬼地方。父亲的回信只写了一行字："两个人同时从牢房的铁窗口望出去，一个人看到了泥土，一个人看到了繁星。"她开始没有读懂其中含义，反复读了几遍后，才感到无比的惭愧，决定留下来在沙漠中去寻找自己的"繁星"。她一改往日的消沉，积极地面对人生，她与当地人广交朋友，学习他们的语言。她付出了热情，人们也回报给她热情。

她非常喜爱当地的陶器与纺织品，于是人们便将舍不得卖给游客的陶器、纺织品送给她作礼物，她很受感动。她的求知欲望与日俱增，她十分投入地研究了让人痴迷的仙人掌和许多沙漠植物的生长情况，还掌握了有关土拨鼠的生活习性，观赏沙漠的日出日落，并饶有兴致地寻找海螺壳……沙漠没有变，当地的居民没有变，只是她的人生视角变了。

主动自发使塞尔玛变成了另外一个人，原先的痛苦与沉寂没有了，代之以积极的探索与进取，她为自己的新发现而激动不已，于是她拿起了笔，然后，一本名为《快乐的城堡》的书于两年后出版了，她经过努力最终看到了"繁星"。

人有时可能无法改变自己所处的环境，却可以改变对待环境的态度。适者生存，不能让环境适应你，应该学会适应环境。积极面对工作，主动自发地去工作，唯有这样，才能看到生命中的"繁星"。

卓有成效和积极主动的人，他们总是在工作中付出双倍甚至更多的努力，而失败者和消极被动的人，有的只是逃避、指责和抱怨。当工作依然被无意识所支配的时候，很难说他们对工作的责任心被最大限度地激发出来了，也很难说他们的工作是卓有成效的。他们只不过是在混日子，如果不客气地说，是过着一种行尸走肉的日子。

老板不在身边却更加卖力工作的人，将会获得更多奖赏。如果只有在别人注意时才有好的表现，那么你永远无法达到成功的顶峰，最严格的标准应该是自己设定的，而不是由别人要求的。如果老板对你的期许还没有你自己设定的高，那么你将永远也不可能被解职，相反，这只会使你离晋升的日子越来越近。

成功是一种努力的积累，那些一夜成名的人，其实，在他们获得成功之前，已经默默地奋斗了很长时间。任何人，要想获取成功都要经历长时间的努力和奋斗。

如果想登上成功之梯的最高阶，就必须永远保持主动率先的精神，纵使面对缺乏挑战或毫无乐趣的工作也要如此，这样最终才能获得相应的回报。主动自发地工作吧，这样一种工作习惯可以使你成为行业中的佼佼者。那些获得了成功的人，正是由于他们用行动证明了自己敬业，从而让人百倍信赖。

主动自发地去工作，而且愿意为自己所做的一切努力，这就是那些成就大事业者和平庸之辈的最大区别。要想获得成功，你就必须敢于对自己的行为负责，没有人会给你成功的动力，同样也没有人可以阻挠你实现成功的愿望。

任何一个在公司里工作的职员都应该相信这一点，你完全可以使自己的生活好起来。那么从现在就开始行动吧，不再犹豫，就从今天开始，就从现在的工作开始，而不必等到遥远未来的某一天你找到理想的工作再去行动。

阿尔伯特在《致加西亚的信》一文中如此写道："我钦佩的是那些不论老板是否在办公室都会努力工作的人，这种人永远不会被解雇，也永远不必为了加薪而罢工。"在这里我们特别要强调这一点，一个优秀的员工应该是一个主动自发地工作的人，而一个优秀的管理者则更应该努力培养员工工作的主动性。

5. 不为放弃找理由，不为责任找借口

优秀的员工，能够养成拒绝借口、勇于决定的习惯，那么在需要决断时一定能运用最聪明的判断力，而工作也会越来越出色。优秀员工从不在工作中寻找借口，他们总是把每一项工作尽力做到完美，而不是寻找各种借口推脱，他们总能出色地完成上级安排的任务，替上级解决问题，他们总是尽全力配合好同事的工作，从不找任何借口推脱或延迟。

美国成功学家格兰特纳说过这样一段话：如果你有自己系鞋带的能力，你就有上天摘星星的机会！一个人对待生活、工作的态度是决定他能否做好事情的关键。

当人们为不思进取找借口时，往往会这样表白：他们做决定时根本就没征求我的意见，所以这不应当是我的责任；这几天我很忙，我会找时间去做；我从没受过适当的培训来做这项工作；我们从没想过赶上竞争对手，在许多方面人家都超出我们一大截……如果养成了寻找借口的习惯，当遇到困难和挫折时，不是积极地去想办法克服，而是去找各种理由和借口开脱。久而久之，就会形成这样一种局面：每个人都努力寻找借口来掩

盖自己的过失，推卸自己本应承担的责任。

失败的借口有很多，成功的原因却只有一个，那就是为达到目标不懈地努力和奋斗。因此，若在今后的工作中出现了问题，我们不要总是千方百计寻找一些主观或客观的原因，要知道，当我们为自己的行为找出各种借口时，我们的事业正在遭受无法弥补的损失。

寻找借口意味着对所做事情的拖延和放弃，它会让我们失去别人的信任。在对企业忠诚方面，除了干好自己份内的事情之外，还应该具有对企业发展密切关注的素质，不管领导在不在场，都要对自己的本职工作负责，这样，才算得上一名优秀的员工。

很多人在生活中寻找各种各样的借口来为遇到的问题开脱，并养成习惯，这是很危险的。来看下面的例子：

"天哪，怎么又睡过头了！"周日晚上喝多了，吴正勇在周一就睡过了头，当他从睡梦中惊醒后来不及洗漱，就夺门而出去上班了。

吴正勇气喘吁吁地推开会议室的门，销售主管正在对满会议室的员工大声地训斥着，每周例会已经开始了。

看见吴正勇低头往角落里跑，于是问道："吴正勇，怎么又迟到了？"

吴正勇不好意思地一笑，答道："今天真是倒霉，地铁发生了故障，突然停了，我们等了很长时间故障才排除。"

吴正勇这样说的时候，坐在旁边的小丽心里想："我和吴正勇是一路上下班，怎么我在七点半的时候没有遇见地铁故障呢，一听就是找借口。"

还好，主管像是听信了吴正勇的话，也没好意思再说他，继续往下讲。

吴正勇知道又逃过一劫，赶紧坐到角落的椅子上。

主管讲完之后，将目光转向她的销售助理陆晓婷："陆晓婷，请把上半年的销售统计报表给我，我给大家简单介绍一下。"

听了主管的话，陆晓婷一惊，因为她还没有做好这个报表，虽然按照主管的要求，统计表现在应该交给主管。于是，陆晓婷笑着说："主管，不好意思，上个星期，我的电脑不知道怎么系统崩盘了，没办法只能重新安装系统，要重新做销售报告，还差一点，就快完了，我下午就能给您。"

坐在旁边的吴正勇听了心里暗笑，他知道这陆晓婷明显是在找借口，因为他办公的位置就在陆晓婷的旁边，这几天他只见到她在偷偷玩游戏，怎么就没有听到她说电脑崩盘了，因为他了解陆晓婷，要是电脑崩盘，她一定会大叫起来的。

主管脸一沉："我经常跟你们说，要定期给电脑检修，并且对重要的文件要备份，你看这一崩盘会耽误多少事呀？陆晓婷，你赶紧做，下午一定把上半年的销售统计表给我。"陆晓婷赶紧点头，不再说话——一个借口又把主管给糊弄过去了。

就在这个时候，主管的手机响了。主管走到会议室外，接通了电话，大家听到主管在和人通话："喂，张老板，你好，你好！今天到我这来取支票？实在不好意思，我这几天都在上海出差，得过几天才能回去。等我回去了，喂喂喂，怎么没有信号了？"

在上海？没信号？这不是睁着眼睛说瞎话吗？众人面面相觑。

心理学研究发现，只要一出现问题，不论是什么时间、什么地点、什么场合，人们都会习惯性地寻找各种借口来为自己开脱。找借口的人原因各有不同，可能有难言之隐，可能是做错了事情，可能是推卸责任，可能想拒绝他人，也可能是想挤压对手，但大都是为了一个目的——给自己开脱，逃避惩罚，逃避责任。

无论做什么事情，都要记住自己的责任，无论在什么样的工作岗位，都要对自己的工作负责，做工作就是不找任何借口地去执行。

只有在工作中养成良好的习惯，成为一个不为失败找借口的人，成功才会离我们越来越近。首先要学会服从，接到任务后无条件服从，是我们远离任何借口的良好开端。服从意味着放弃个人主义，用企业精神来规范自己的言行，只有怀着对企业的忠诚、敬业，才能让服从成为一种习惯；其次要立即行动，克服借口带来的拖延恶果，唯一的解决办法就是行动，与其把时间和精力花在找借口上，不如立即采取行动，做到"今日事今日毕"，最快最好地完成每一项交给自己的任务；最后要主动承担艰巨的任务，承担艰巨的任务是锻炼自己能力最难得的机会，这不仅需要迎难而上的勇气，还需要我们在学习实践中不断提高自己的学识水平和执行能力。

不要让借口成为你成功路上的绊脚石，搬开那块绊脚石吧，工作中没有借口，人生没有借口，失败也没有借口，成功不属于那些寻找借口的人。

凡是怀着战胜一切困难的决心、抱着一往无前气概的人，不但能引起别人的敬佩，同时也能获得别人的崇拜。因为人们知道，凡持这种态度的人多属胜利者，他的自信一定是意识到他有能力完成自己的事业。

6. 不要让借口耽误了你的发展

许多借口总是把"不""不是""没有"与"我"紧密联系在一起，其潜台词就是"这事与我无关"——不愿承担责任，把本应自己承担的责任推给别人。一个没有责任感的员工，不可能获得同事的信任和支持，也不可能获得上司的信赖和尊重。如果人人都寻找借口，无形中会提高沟通成本，削弱团队协调作战的能力。

找借口的一个直接后果就是容易让人养成拖延的坏习惯。如果细心观察，我们很容易就会发现每个公司都存在着这样的员工，每天看起来忙忙碌碌，似乎尽职尽责了，但是他们本应一个小时完成的工作却需要半天的时间甚至更多。因为工作对于他们而言，只是一个接一个的任务，他们寻找各种各样的借口拖延逃避，这样的员工会让每一个管理者头痛。

寻找借口的人往往因循守旧，他们缺乏创新和自动自发的精神，要求他们在工作中做出创造性的成绩是徒劳的。借口会让他们躺在以前的经验、规则和思维惯性上舒服地睡大觉。

借口给人带来的严重危害是让人消极颓废。如果养成了寻找借口的习惯，当遇到困难和挫折时，不积极地去想办法克服，而是去找各种各样的借口，这种消极心态剥夺了个人成功的机会，最终让人一事无成。

优秀的员工从不在工作中寻找任何借口，他们总是把每一项工作尽力做到超出客户的预期，最大限度地满足客户提出的要求，而不是寻找各种借口加以推诿；他们总是出色地完成上级安排的任务，替上级解决问题；他们总是尽全力配合同事的工作。

工作中我们难免会遇到这样那样的问题，当出现特别难以解决的问题时，可能会烦躁万分，这时候，有一个基本原则可用，就是永远不为自己找借口。

王强原来是公司的生产工人，后来他主动请缨，申请加入营销行列。那时，公司面临着许多要开发的市场，却没有足够的财力和人力，因此，王强只身一人被派往西部一个市场。在这个城市里，王强一个人也不认识，吃住都成问题，但面对困难，他丝毫没有退缩。没有钱乘车，他就步行，一家单位一家单位地拜访，向他们介绍公司的电器产品。他经常为了等一个约好见面的人而顾不上吃饭。他租住的是闲置的车库，只有一扇卷帘门，而且没有电灯，条件甚至差到超乎人们的想象。

有一段时间，连产品宣传资料都供不上，王强只好买来复印纸，自己手写宣传资料。

在这样艰难的条件下，人不动摇是不可能的。但每次动摇时，王强都对自己说："凡事都会有解决方法的，困难终归是暂时的，我不能放弃。"一年后，派往各地的营销人员回到公司，其中很多人早已不堪工作艰辛而离职了。王强的成绩是最好的。

不要放弃，不要寻找任何借口为自己开脱，寻找解决问题的办法，是最有效的工作原则。很多有目标、有理想的人，他们工作，他们奋斗，他们用心去想、去做，但是由于过程太过艰难，他们越来越倦怠、泄气，最终半途而废。后来却发现，如果他们能再坚持一下，看得更远一点，就会取得成功。

没有人与生俱来就会表现出好的态度或不好的态度，是你自己决定要以何种态度看待环境和人生。

没有任何借口，没有任何抱怨，勇于承担就是一切行动的准则。

"没有借口"可以激发一个人最大的潜能。无论你从事什么工作，借口对于事情本身没有丝毫用处，许多员工没干好工作，就是因为那些借口一直在麻痹着他们。

保持一颗积极、绝不轻易放弃的心，尽量发掘你周围人或事物最好的一面，从中寻求正面的看法，让自己能有向前走的力量。即使终究还是失败了，也能吸取教训，把这次的失败视为向目标前进的阶梯，而不要让借口成为你成功路上的绊脚石。

中篇

忠诚是立身之本，它决定你的前途

比尔·盖茨说过："这个社会不缺乏有能力、有智慧的人，缺的是既有能力又忠诚的人。相比之下，员工的忠诚对于一个企业来说更重要，因为智慧和能力并不代表一个人的品质，对企业来说，忠诚比智慧更重要。"忠诚是员工优秀品德的精髓所在。具有忠诚的品质，你的职场生涯就成功了一半；秉承忠诚的精神，你的职场生涯将会精彩纷呈。

责任 忠诚 激情

一、忠于企业是员工的必备品德

企业离不开员工的忠诚,员工要成就自己的事业也离不开忠诚。忠诚是对任何员工道德品质的最基本要求,受雇于企业就会从企业中获取收入,这就要求对企业必须忠诚,这其实是员工的基本义务。忠诚是做人的准则之一,没有忠诚,也就失去了立足之本,只有既拥有个人能力又高度忠诚的员工,才能在企业里占据要职,也才能在自己的事业上大展宏图。因此,不要再将自己置身于外了,努力培养自己的忠诚敬业精神吧!

1. 任何时候,忠诚都是一种美德

忠诚是个人品质中最值得夸赞的品质之一,也是现代企业精神非常重视的一个方面,没有哪个领导不希望员工对自己忠诚、对企业忠诚。因为忠诚对于一个企业来说,可以避免损失或者是将企业的损失降到最低,甚至可以带来丰富的收益。

随着时代的变迁,许多东西会流逝变化,但闪烁人性中最真实的东西、最可贵的品质是不会变的,相反,它会随着岁月的流逝显得弥足珍贵——忠诚就是具有这一特性的高贵品质,它是一种备受赞扬的美德。

忠诚对于我们来说并不陌生,华夏民族悠久灿烂的文明史,早已为后世的我们留下了取之不尽的精神财富。先辈们的人格魅力和品格素养经过千百年的积淀,形成了今天中华民族伟大的品格,其中,忠诚就是优良的品格之一。

忠诚的中心内容就是真诚和善良，它是为人最基本的要求。忠诚折射出一个人的品质与人格魅力，折射出这个人是否正在以一颗真诚与纯真的心去看待这个世界。在生活中，我们为人父母，为人子女，为人朋友，需要忠诚；在工作中，我们为人下属，为人上司，为人同事，也需要忠诚；家庭中夫妻之间讲忠诚，才能和睦相处，白头偕老；朋友之间讲忠诚，才会亲如手足，生死与共。

忠诚是一种美德，是一种不受国度和文化影响的崇高品质，在异域他国同样受到人们的赞扬和时代的讴歌。忠诚是一种伟大的精神力量，是一种崇高的个人美德。有时候好坏与成败往往在一念之间，一个人可以有力地约束自己去做利人利己的好人，也可能会放任自己，随波逐流，甚至走向了十恶不赦。对企业忠诚就是对自己的工作忠于职守，毫不懈怠，而忠诚最大的受益者其实也就是你自己。

今天，在商战中激烈竞争的企业，尤其应该把忠诚者视为企业的一大财富，并给予重用；作为员工，应该用道德标准严格要求自己，使自己成为一个德才兼备的优秀员工。

忠诚是一种美德，是受到大多数人欢迎的高尚品质，失去了忠诚这种品德，不仅会受到他人的谴责、社会的鄙视，还会备受自己良心的谴责，因为，一个人与生俱来的羞耻心不容许自己"不道德"。

尽管现在有一些人无视忠诚，视利益为压倒一切的目的，但是，如果能仔细地反省一下，你就会发现，为了利益放弃忠诚，将会成为你人生中永远抹不去的污点，你将会背负这样一个包袱生活一辈子。

林志是一家企业的业务部经理，他年轻能干，毕业短短两年就能够有这样的成绩也算是表现不俗了。可是，令大家奇怪的是，他上任后不久就离开了企业。

离开企业之后，林志的再求职之路不是很顺利，他找到了昔日关系不错的同事杨峰。在酒吧里，林志满脸懊悔，他对杨峰说："知道我为什么

责任 忠诚 激情

离开吗？其实，我非常喜欢那份工作，但是我犯了一个不可饶恕的错误，利令智昏，我竟然为了一点蝇头小利，就出卖了自己的灵魂，失去了作为企业职员最重要的东西。虽然总经理宽容了我，没有追究我的法律责任，也没有公开我的事情，但我真的是很后悔，你千万别犯我这样的低级错误，不值得啊！"

尽管听得不甚明白，但是杨峰知道这一定和钱有关。后来，杨峰才知道，林志在担任业务部副经理时，曾经收过一笔款子，业务部经理说可以不入账，还说："没事儿，大家都这么干，你还年轻，以后多学着点儿。"

林志虽然觉得不妥，但是也并没有拒绝，糊里糊涂地就拿了5000元。当然，业务部经理拿得更多。没多久，业务部经理就辞职了。后来，总经理发现了这件事，林志也就离职了。

杨峰看着林志落寞的神情，知道林志一定很后悔，但是有些东西失去了是很难弥补回来的。林志失去的是对企业的忠诚，他还能奢望企业再相信他吗？

失去忠诚的人往往会被贴上"不忠诚"的标签，这其实就是社会对他们不忠诚行为的一种谴责，他们因此付出的代价就是很难再找到好工作，因为，没有哪个老板愿意将一个没有忠诚品质的人引入企业。

蔡元培先生曾经说过："人之所以为人者，在德与才，且以德为先，德之不存，才从何而来。"其实，忠诚的人心里永远写着"以德为先"的标准。

如果一个人没有"德"，没有对国家，对社会，对他人的爱、诚、信，就很难被人认同，这里的"德"是包含了"忠诚"这一要素的。相反，如果他对自己所从事的事业是忠诚的，对领导布置的任务是守信守诺的，对同事是以诚相待的，企业就会为他搭建展现价值的平台，而与此同时，他凭着坚强的意志、孜孜不倦的事业追求，也定会取得事业上的丰收。

现代社会，在忠诚与能力面前，企业更看重的是忠诚。有才无德的人，缺乏对企业的忠诚，他们很难得到老板的认可，因此也是很难在事业上有所成就的，所以，牢记忠诚是一种美德，记住要用自己的行动履行对企业的忠诚。

2. 忠诚让你具有人格的力量

忠诚在人格中居于主导地位，起着支配作用。在实践中它使你具有人格的力量，它对于生活不是消极被动地去影响，而是有着强有力的规范作用。这种纪律在日常生活中每时每刻都在塑造着我们的人格，并且这种时刻发生作用的力量必定会日益强大。没有这种主导力量的影响，人格就失去了自己的保护伞，面对各种诱惑，人格就时时有滑坡的危险。

任何一种诱惑都可能使人屈服，甚至做出卑鄙或不诚实的事情。不管程度多么轻微，都将导致自我的堕落。这种堕落不取决于你的行动成功与否，不取决于你的行动被人发现与否，你都已经不再是从前的你，而成了一个有负罪感的人。你会时时感到不安宁，或者说是受到良心的责备。

对于员工而言，你忠诚于自己的公司，你得到的不仅仅是公司对你更大的信任，你的努力还会让人感受到你人格的力量。如果你背叛了公司，你的身上将染上一辈子擦拭不掉的污点，背叛的代价就是遭人唾弃和良心不安。

下面的例子足以说明这一点：

杰克到一家IT公司面试。杰克的工作能力无可挑剔，但是他们提出了一个令杰克很为难的问题：

"我听说，你曾帮助一位朋友的公司开发一个新的应用程序软件，据说你提了很多有价值的建议。我们公司也正在策划这方面的工作，能否透露一些你朋友公司的情况，你知道这对我们很重要，而且这也是我们为什么看中你的一个原因。请原谅我的直白。"面试官说。

责任　忠诚　激情

"你问我的问题令我感到失望,同样,我的回答也会使你失望的。很抱歉,我有义务忠诚于我的朋友,无论何时何地,我都必须这么做,与获得一份工作相比,忠诚守信对我而言更重要。"杰克说完就走了。

朋友都替杰克惋惜,他却为自己所做的一切感到坦然。

没过几天,杰克收到了来自这家公司的一封信。信上写着:"亲爱的杰克,祝贺你被我公司录用了,不仅因为你的专业能力,更重要的还有你的忠诚。"

这家公司一直很看重一个人的忠诚,他们相信,一个能对原来的公司、朋友忠诚的人也可以对自己的公司忠诚。很多被淘汰掉的人,其中不乏优秀的专业人员,但是他们为了获取一份工作而对原公司丧失了最起码的忠诚,一个人不能忠诚于自己原来的公司,人们很难相信他会忠诚于现在的公司。

一个人的忠诚不仅不会让他失去机会,相反会让他赢得机会。除此之外,还能赢得老板和同事的尊重和敬佩。

忠诚是生命的润滑剂,忠诚也和努力融为一体。忠诚的人没有烦恼,也不会因情绪的波动而放弃对工作的努力,他们会坚守着生命的航船,即使船要沉没,也会像英雄一样,在歌声中随着桅杆顶上的旗帜一起沉没。

对待忠诚,还要摒弃错误的认识。任何时候都不能丧失明辨是非的能力,对于邪恶势力的忠诚,被视为愚忠;而忠诚于美好的人因美德而受到别人的回报,不诚实的人会因谎言而遭受到痛苦的折磨。

从个人和公司的功利角度来说,忠诚是和双方的利益息息相关的;从做人大义角度来说,忠诚是我们做人不可缺少的。无论从任何角度而言,我们都不能放弃忠诚,一旦背叛了忠诚,最终失去的是人格的尊严。

3. 忠诚是个人的立身之本

忠诚是一个人的安身立命之本。无论是对国家、家人、朋友还是对企业，一个人都需要具有忠诚之心。只有忠诚的人，才能够赢得他人的信任，受到他人的尊敬，也只有这样才能够在社会上立足。

在企业里，很多员工以为职业技能是最重要的资本，他们往往只注重对技能的培养，而忽视对忠诚的培养，其实，光有能力是不足以在企业立足的。因为忠诚是每个人的立身之本，只有加上忠诚，能力才能够得到最大限度的发挥乃至被高度认可，相反，如果一个人丧失了忠诚，那么这个人就丧失了做人的尊严和存活下去的资本。

忠诚是一个人应该具备的优秀品质。有的人天生就具有忠诚的能力，并且始终保持着，而有的人却很容易受到利益熏染，所以不具备忠诚的人就应该努力培养，而不能任由那种不良品格发展下去。因为对企业、对他人不忠诚的人，是永远也得不到重用的，也就等于永远难以在事业上有所成就。

教授人力资源课程的弗洛伊教授在给他的学生们上课的时候曾经讲过这样一个案例：

1996年，我在一家企业做顾问工作的时候，我的一名已经毕业的学生洛德找到我，他知道我和他的老板布雷登先生交情不错，便央求我在他老板面前多替他美言几句，以使老板早日兑现重用他的承诺。

"我进企业时，布雷登先生答应聘我做企业的技术总监，可他一直没有兑现，只是说正在考虑，现在都考虑一年多了，还没有一点动静。"洛德向我诉苦说。

我想老板既然许诺了，就应该兑现，不兑现也该说明原因，一定是布雷登先生做得不对。于是，我找了一个恰当的机会专门和布雷登先生谈起了这件事。

"这个人我不敢重用。"布雷登先生直截了当地说。

对于他那么干脆的回答我很诧异，因此，我接着问道："为什么呢？"

"你知道这个人是怎么来我企业的吗？"布雷登先生看了我一眼又接着说道，"他原来在另一家企业工作，那家企业曾经是我们最大的竞争对手。有一天，他约我见面，说他掌握了那家企业全部的技术秘密，如果我肯聘用他，他愿意将那些技术秘密奉献给我。那时候，我一直找不到和那家企业抗衡的办法，商人的本性让我不够光明磊落，我答应了洛德的条件，给了他很高的职位，但重用的事，一直不敢兑现。"

"你的意思是说，如果重用他，他掌握了你的秘密之后，也可能出卖你，对吗？"我说。

"是啊，他是一个不够忠诚的人，一个卖主求荣的人！原来那家企业待他不薄，但他还是出卖了老板，使得那家企业一蹶不振。有了第一次，肯定会有第二次，重用他的话，下一个受害的可能就是我啊！"布雷登先生说，"我非但不会重用他，还准备辞退他，但在做好准备之前，我不能让他知道，谁能保证他在知道这个消息之后会怎样疯狂地搞破坏呢？"

听布雷登先生这么说，我知道自己帮不了洛德了，一个不够忠诚的人，是没有人愿意接纳他的。

弗洛伊教授讲的这个故事反映了一个深刻的道理：一个人失去了忠诚，就等于失去了发展的机会，失去了安身立命之本。

忠诚可以换来老板的信任和重用，不忠诚只会换来老板的抛弃。一个企业很有可能是老板的毕生心血，他怎么可能将自己的心血交给一个不忠诚的人呢？因此，任何时候都不要背叛企业，如果在企业里不受重用，你可以选择离职，但不要将企业的商业秘密泄露给其他人，因为一次背叛就会一辈子都被扣上不忠诚的帽子，如果被别人认定是一个不够忠诚的人，那么你的前途就会受到影响，甚至有可能会走到自己事业的尽头。

请重视忠诚这样一种品质吧，因为它是你安身立命的资本，只有拥有它，你的事业才能得到更好的发展，你的价值才能得到完美的展现。

4. 忠诚是抵挡诱惑最坚实的盾牌

曾有一份对世界著名企业家的调查，当问到"您认为员工应具备的品质是什么"时，他们无一例外地选择了"忠诚"。忠诚是职场中最应值得重视的美德，因为每个企业的发展和壮大都是靠员工的忠诚来维持的。

对于企业而言，忠诚是除工作能力之外，对员工考量的重要标准。能力可以培养，可以在工作的过程中得到提高。但是，缺乏忠诚，即使能力再高，本事再大，对企业来说也没有太大价值，并且潜在的危害随时有可能爆发，这样的员工得到老板的重用几乎是不可能的。

但是不可回避的一个事实是，并不是所有的员工都拥有忠诚的精神。而每个老板都希望自己所有的员工对公司忠诚，但同时他也清楚做到这一点是很难的，因此也就有了优秀员工和一般员工的区别。

优秀的员工之所以成为佼佼者，首先最重要的是他在公司里表现出了自己的忠诚，让忠诚成为自己工作的一个准则，并在此基础上培养了正确的职业道德观，成就了真正的好品格。这种忠诚也是发自内心的，是经得起时间考验的。

其实，做一个忠诚的员工并不难，也并不需要你做出多么大的牺牲才算是忠诚，相反，这种品格在一些细小的事情上就能体现得出来。比如随手捡起走廊里的纸团，帮老板把几箱货物放在该放的地方，随手记下几笔零碎的账目等等。这都是一些很容易做到的事情，却也是最能体现一个人品格的地方，就像有人说的："要检验一个人的品格修养，最好是看他在没有旁人在场时的所作所为。"

一个忠诚的人，知道自己要坚持的是什么。在工作中，忠诚就意味着把老板交代的任务当作自己的职责，当作自己为之努力的目标，企业就是自己的事业，企业的发展就是自己事业的发展。因为忠诚，可以和同事协调合作、同舟共济，与企业同进退、共荣辱，在为集体的奉献中获得力量，获得精神上的满足，使人生更加饱满，更加有成就感，这时候，工作将不仅仅是谋生的手段，而是一种人生的享受。

因此，每个职场中人具有忠于所在企业的思想，不仅可以获得老板的赏识，获得不断晋升的机会，于自己也是一种心灵上的归属和满足，是事业成功的保证。

忠诚不是获取利益和晋升的资本，它应该是伴随一个人一生的品质。你选择了忠诚，那么利益和机会就会因忠诚而来，尤其是你取得了一定的成就，为老板所器重，掌握着公司商业机密的时候，面对诱惑，忠诚就是抵挡诱惑最坚实的盾牌，否则，结果会让你输得更惨。

约翰是一家大公司的技术部经理，不仅技术过硬，也懂得管理，带着一大帮技术员工圆满地完成了公司的好几个大项目，因而深得老板的赏识。

一天，一个外国商人请他吃饭，几杯酒下肚，那个人很严肃地对他说："最近我正与你们公司洽谈一个合作项目，如果你能把相关的技术资料提供给我一份，将对我很有帮助。"

约翰皱皱眉头："这样的事情不好吧？涉及公司的机密……"

那个商人凑近了，低声说："放心，我不会亏待你的，"说着把一张15万美金的支票递给了约翰，"这事儿不会有第三个人知道，对你不会有任何的影响。"

面对那15万美金的支票，约翰动心了。

结果在谈判中，他所在的公司损失很大。事后公司查明了真相，不仅辞退了约翰，连那15万美金也被公司追回作为赔偿。而且，约翰从此背上了背叛的污点，没有哪个老板愿意用这样的人，约翰的下场可想而知。

这就是背叛忠诚的结果。

这样的事情在竞争激烈的今天是比较常见的。种种的诱惑，对职场中的人来说，无异于一颗定时炸弹，一个陷阱，同时也是一个考验。而能够在诱惑面前选择坚持忠诚的人，才是对企业、对自己负责的人，所得到的不仅仅是企业对你的更大信任，你的所作所为还会使对方感受到你的人格力量，你将征服更多的人。一个不为利益所动、选择忠诚的人，不仅不会失去机会，相反，还会得到更多的机会，因为每个企业都需要这样的员工。这样的人也一定能够取得事业的成功。

所以，做一个忠诚的人，忠诚于你所在的企业，就是忠诚于你的事业，你也必将获得事业上的成功！

5. 忠于上级，但不是盲目服从

忠诚是许多企业老板考核员工的首要因素，他们经常说的一句话就是"像士兵一样忠诚"，但是，如果不仔细分析恐怕会让人陷入一种误区：认为忠诚就是无条件的服从，很显然这种认识是错误的。"忠诚不是愚忠，服从不是盲从"，如果硬要把愚忠等同于忠诚，那么，必定会产生与预期相反的结果。

现实生活中，把愚忠当作忠诚的人不少，他们狭隘地理解忠诚，认为忠诚就是向老板效忠，并且是无条件地效忠，他们认为忠诚于老板就是绝对要听老板的话，不看前提，不计后果。

这种现象具体表现在：在企业里，很多员工跟在老板后头唯唯诺诺，老板说向东他就向东，老板说向西他就向西，从来没有自己的想法，即使有也不敢说出来。有时，明明老板的想法或者做法是错误的，会造成严重的后果，他们还是不折不扣地执行。这些人就是典型的愚忠，他们对忠诚的理解过于偏激和绝对，认为忠诚就是一切都听老板的，不管什么情况都不可以持反对意见。

这不仅让人联想到历史上的许多"忠臣名将"们，他们辅佐昏庸的皇帝，对皇帝的意见不敢提半点自己的想法，眼见着皇帝不断犯错还不停地三呼万岁，他们的忠诚就是典型的愚忠。生物界有一种叫"队列虫"的小昆虫，它们的生存方式是值得人们深思的。

这种叫"队列虫"的小昆虫，爬行方式很奇特，它们爬行的时候，通常是五只虫连在一起行动，首尾相接成队伍，带头的那只负责寻找食物——桑叶，无论这带头的虫爬到哪里，后面的虫也一定会跟到哪里。它们因此而得名，人们习惯叫它们"跟屁虫"。

企业里很多人恰好就像这种昆虫一样，只知道跟在老板后面行事，而不管自己所跟的人是否做出了正确的决策。在他们看来，服从老板的安排就是员工应该具有的忠诚品质，相反，对老板的决策提出半点反对意见就会被认为是对老板不尊敬，是不合规矩的事情。

有一个故事广为流传，看完之后你就会明白什么是愚忠，什么是真正的忠诚。

多克先生是德国一家大企业的总裁，他曾经亲自招聘过一位项目部经理。

当时，经过多项测试考察，为数不多的几个人幸运地进入了最后的复试阶段。这次，是多克先生亲自主持的面试，他称此关主要是考察应聘者的勇气和忠诚度。在企业的休息室里，面试者被一个接一个叫进去应考。

第一个被叫进多克先生办公室的男士满怀信心地接受考察。他被带到一个房间，多克问："我们想要考察你的忠诚，你是否愿意为获得这份工作而待在这个房间里两天两夜不吃不喝？"面试者毫不犹豫地回答："我愿意！"于是，他就真的待在那个房间里。然而，两小时后，多克却告知他可以回家，他被淘汰了。

第二个被叫进去的男士也满怀信心。他被带到了另一间屋子前，多克先生对他说："房间里有一张表格,你去把它拿出来,填好后交给我。不过,要用你的脑袋把门撞开!"这位男士心想:既然总裁要考察的是勇气,那么绝不能在总裁面前表现出软弱来。于是,他不由分说地用头撞门,头已经破了门还没被撞开。多克见状,赶紧说:"好了,你回去等候通知吧。"

一个接一个的"勇士"被带到了多克先生的办公室,可是,他们谁也没有得到多克先生明确录用的回答。

最后一个面试者被带到了多克先生的办公室。多克先生对他说:"现在办公室就我们两个人,旁边桌子上的水杯是我公司一个副总的,最近他总是让我不愉快,我给你一包泻药,你去投到他杯子里。"

"什么?你居然要我做这种事?这是不道德的!"那个男士本能地反应道。

"我是这里的老板,你得服从我的命令!"多克先生毫不客气地吼道。

"这样的命令毫无道理,你简直是个疯子,这份工作我不要了!"那个男士想也没想就回答道。

多克先生没有说什么,又先后提出了前面面试时的不合理要求,但他的要求都遭到了这位男士的严厉拒绝。最后,这位男士非常气愤,准备立即离开。这时,多克先生极力挽留他,并向众人宣布,这位男士被正式聘用了。

多克先生解释道:"真正的勇士是敢于坚持正义和真理而不畏强权的人,真正的忠诚不是一味听上司的话,而要敢于纠正上司的错误,以免造成不必要的损失。"

很显然,多克先生的做法是再明智不过的。任何一个老板,都不会雇用那些不顾正义一味愚忠的人。愚忠的人,不可能给企业带来任何财富,他们只是老板背后的"跟屁虫",不懂得创新,不懂得向老板提出有建设性的意见,即使老板的决策是非常错误的。

愚忠是不可取的。真正的忠诚,是行动而不是语言,真正的忠诚并不是放弃自己的个性和主见，并不是绝对和老板保持一个声音，更不是卑躬屈膝。

愚忠是一种不负责任的表现，极有可能在盲目执行中给企业带来损失，甚至有可能让上司陷于不义之中。

要想成为一个真正具有忠诚品质的人，就需要将忠诚与愚忠区别开，要做到忠诚，就需要明白忠诚的要义。

真正的忠诚，不只是对领导者个人的忠诚，更不仅仅是听领导者个人的话。对统帅的忠诚实际上是对国家的忠诚，对统帅背后所代表的国家利益的忠诚；同样的道理，对老板的忠诚实际上是对老板所代表的企业的忠诚。因此，我们强调员工忠诚于企业、忠诚于老板，实际上是要求员工在以企业利益为前提的条件下对老板忠诚，只要是有利于企业的决定，都应该不折不扣地执行，反之，则要勇敢地提出自己的见解，帮助老板重新做出正确的决策。

作为一个企业的员工，对自己的职业忠诚，是最基本的忠诚。忠诚于自己的职业就要求员工爱岗敬业、尽职尽责，坚决维护企业的利益，忠诚于团队，用最大的热情去执行企业的决策。如果不能做到这些，就谈不上忠诚了。

忠诚的员工是企业的财富，也是老板们最钟情的员工。但是，如果不注意把握忠诚与愚忠之间的区别，忠诚变成了愚忠，那么这个员工就无法发挥出他的最大作用，甚至会给企业带来负面效应，聪明的老板是绝对不需要愚忠的员工的。

6. 忠诚决定你在企业的地位

在企业里，都有一个无形的"同心圆"存在，老板是这个圆的圆心，员工们则依忠诚度的高低分布在离"圆心"不同距离的外圆上，忠诚度越高的人，离"圆心"越近；相反，忠诚度越低的人，则离"圆心"越远。

离老板近的人，一般都在企业担任要职，他们在企业的地位高，备受老板的器重；而离老板远的人，一般很难走上高层主管的位置，因为他们难以被老板信任，也缺少表现自己的机会。

在企业里升职最快的往往不是能力最强的人，而是那些既有能力又足够忠诚的人，他们的能力得到老板的赏识，他们因为忠诚而受到老板的信任，因此，在有职位空缺的时候，老板首先想到的是他们。

忠诚决定了一个人在企业的地位，能否在事业上有所成就，平步青云，就在于你是否忠诚于你的老板或者企业。

齐勃瓦出生在美国的一个乡村，由于家中一贫如洗，15岁时辍学当了一个山村的小马倌。

一个偶然的机会，他到了一个属于钢铁大王卡内基的建筑工地打工。齐勃瓦抱定决心，一定要做一个出色的员工。

他一面积极工作，一面学习各种技术和管理知识。结果他从一个普通的建筑工人一步一步做起，升任为技工、技师、部门主管、建筑企业总经理、布拉得钢铁厂厂长、钢铁企业董事长。

在齐勃瓦任卡内基钢铁企业董事长的第七年，当时控制着美国铁路命脉的大财阀摩根提出了与卡内基联合经营钢铁的要求。

一开始卡内基没有理会，于是摩根就放出风声说，如果卡内基拒绝，他就找贝斯列赫姆联合。贝斯列赫姆钢铁企业是当时美国第二大钢铁企业，如果与摩根财团联合起来，卡内基企业肯定会处于竞争的劣势地位，这下卡内基真的有些慌了。

他急忙找来齐勃瓦，递给他一份清单，说："按这上面的条件，你尽快去跟摩根谈联合的事宜。"

齐勃瓦接过清单看了看，微微一笑。他对卡内基说："根据我所掌握的情况，摩根没有你想象的那么厉害，贝斯列赫姆与摩根联合也不会一蹴而就。如果按这些条件去谈，摩根肯定乐于接受，不过你将损失一大笔利益。"

当齐勃瓦将自己掌握的情况向卡内基汇报以后，经过认真分析，卡内基也承认自己过高估计了对手。卡内基全权委托齐勃瓦同摩根谈判，最后取得了使卡内基有绝对优势的联合条件。

摩根感到自己吃了亏，就对齐勃瓦说："既然这样，那就请卡内基明天到我的办公室来签字吧。"

第二天一早，齐勃瓦来到了摩根的办公室，向他转达了卡内基的话："从第51号街到华尔街的距离，与从华尔街到第51号街的距离是一样的。"

摩根沉吟了半晌最后说："那我过去好了！"老摩根从未屈尊到过别人的办公室，这次他遇到了全身心维护企业利益的齐勃瓦，所以只好俯身屈就了。

齐勃瓦处处想企业所想，体现了对企业和老板的无比忠诚，他之所以能够在企业里从一个小职员慢慢升任企业的董事长，除了与他的个人能力有关外，还与他对企业的忠诚有着密切的关系。一个员工只有将自己的命运与企业的命运联系起来，抱有与企业共命运的态度，才能最大限度地发挥自己的聪明才干。也只有这样不遗余力地工作的员工才最容易得到老板的青睐。

俗话说："成绩靠才能，升职要忠诚。"这句话有点像"IQ决定你求职，EQ决定你升职。"忠诚是双重的，不仅要忠诚于工作，任劳任怨，更要忠诚于上司，推心置腹。只要你对上司有一次背叛，也许一辈子都别指望他会提拔你了。

职场升职要把握对老板的忠诚，首先表现在要认同企业文化，其次就是与领导的沟通。站在企业经营的角度来思考，可以让上司或老板感受到你是经营团队的一分子，对经营阶层来说，忠诚与可靠的你，正是可以交付更重要任务的人，在升职加薪的关键时期，你千万要注意不要随意与同事批评你的老板或主管。

空有一身技能，对企业没有足够忠诚度的人，他们的职业生涯或许能从一个小职员升任到一个高级工程师，但很难成为企业的高级管理层成员。要想赢得老板信任，对企业或者老板忠诚就是最好的方法。

企业在评价员工时，首要考虑的都会是忠诚度。老板们最郁闷的事情莫过于提升了某个员工的职务，他却跳槽跑掉了，殊不知，中层干部和骨干力量的跳槽对企业的破坏力最大。因此，老板们不会提升自己信不过的员工。

很多人以为表示忠诚就是拍马屁，其实，这是对忠诚的一种误解。对企业或老板的忠诚不是光表现在嘴上，而是体现在行动上。一个人忠诚与否可以从很多方面体现出来，并非只有在企业遇到困难的时候，对企业不离不弃才叫忠诚。

忠诚的最大受益人是自己，人与人之间的亲密关系是建立在相互信任的基础上的，只要能够赢得老板的信任，你就比别人拥有更多的升职机会。忠诚是建立信任的最好方法，当然除了要做到忠诚以外，你还要努力提高自己的职业技能，否则，你的升职很难得到同事们的认可，在他们心目中你会是一个马屁精。记住，要想使自己的位置离圆心更加接近些，你就要更加忠诚于你的企业和老板。

7. 忠诚是感恩之后注定会发生的行为

任何一家企业的领导者，在管理员工的时候，一定会遇到关于忠诚的问题。老板们总是希望员工对自己百分百地忠诚，许多企业都已经开始把忠诚度测试列上了日程，其实，这是一种对忠诚的误解。

让一个人无条件的忠诚并不现实。忠诚是一种非常可贵的品质，它深埋在每个人的心中，但这种品质并非那么轻易显现，除非他对某种人或事物负有感恩的心。必须先感恩，而后才谈得上忠诚，忠诚是感恩之后注定

责任 忠诚 激情

会发生的行为。

忠诚不是靠后天培养而成的,它来自感恩,离开感恩谈忠诚,就像是在求无本之木、无源之水,是行不通的。感恩的人一定忠诚吗?是的,一定是忠诚的,万一出现了例外,他也一定会提前告知你,并寻找日后弥补的办法。

本杰明·鲁迪亚德曾经有一次说过:"没有谁必须要成为富人或成为伟人,也没有谁必须要成为一个聪明的人,但是,每一个人必须要做一个忠诚的人。"

忠诚不是没有辨别力的绝对服从,忠诚也不是愚忠。忠诚是在清楚自己的责任时表现的一种对信念的坚持,忠诚是对别人为自己付出的真诚回报。这个世界是讲求回报的,你的付出不是竹篮打水,而是会有更多的回报。这是世界基本的生存法则。你要明白,你能真诚地对待老板,相信老板也会真诚地待你。一生当中每个人都有可能更换工作,但是一旦身在其位就一定要谋其事,这也是一种感恩的忠诚。

小狗欢欢到处找工作,辛苦奔波,却没有收获。他垂头丧气地向妈妈诉苦说:"我真是个一无是处的废物,没有一家公司肯要我。"

妈妈奇怪地问:"那么,蜜蜂、蜘蛛、百灵鸟和猫呢?"

欢欢说:"蜜蜂当了空姐,蜘蛛在搞网络,百灵鸟是音乐学院毕业的,所以当了歌星,猫是警官学校毕业的,所以当了保安。我和他们不一样,没有接受高等教育的经历和文凭。"

妈妈继续问道:"还有马、绵羊、母牛和母鸡呢?"

欢欢说:"马能拉车,绵羊的毛是纺织服装的原材料,母牛可以产奶,母鸡会下蛋。和他们不一样,我是什么能力也没有。"

妈妈想了想说:"你不是废物,你拥有忠诚和感恩的心。虽然没有受过高等教育,本领也不大,可是,一颗诚挚的心足以弥补所有的缺陷。记住我的话,儿子,无论经历多少磨难,都要珍惜你那颗金子般的心,让它发出光来。"

欢欢听了妈妈的话，使劲地点点头。在历尽艰辛之后，欢欢不仅找到了工作，因为他总是怀着一颗感恩之心时时对公司忠诚，他很快就当上了行政经理。鹦鹉不服气，去找老板理论："欢欢既不是名牌大学的毕业生，也不懂外语，凭什么给他那么高的职位呢？"

老板冷静地回答说："很简单，因为他怀有感恩的心，时时对公司忠诚。"

附着于感恩之后的忠诚，是真正的忠诚，是经得住考验的忠诚，而不是表面文章。每一个对公司怀有感恩之心的员工都必然有一颗赤诚之心。同时，我们必须明白，能否拥有这样一种情怀，是完全可以通过学习和感悟来获得的。

忠诚是一个员工最大的美德，是通向成功的途径。每一个人都能通过培养感恩之心而获得忠诚，但它不能通过外界施压的力量来获得，必须自己去体会这其中的真谛。只有当我们对公司产生知遇之恩后，才会对公司无比忠诚，因此，做一个忠诚的员工，就先从拥有一颗感恩的心开始吧！

二、忠于上司：心正为忠，行真为诚

在任何一个公司里，假如希望得到上司的赏识，得到升迁的机会，第一条法则就是你必须忠诚于他——拥护上司就是最大的忠诚。无论你的能力多么优秀，抑或智慧多么超群，没有忠诚，没有人会放心地把最重要的事情交给你去做，没有人会让你成为公司的核心力量。所以说，忠诚可以使你在职场中发挥最大的价值，获得最大的利益，忠诚也会让你得到企业的长久重用。

1. 对组织忠诚，对领导忠心

企业需要忠诚的员工，因为忠诚，员工才能尽心尽力，尽职尽责，敢于承担一切。任何时候，忠诚永远是企业生存和发展的精神支柱，这是企业的生存之本。只有忠诚于自己的领导和企业的员工，才有权利享受企业给他个人带来的一切。

无论一个人在组织中以什么样的身份出现，对组织和领导者的忠诚都应该是一样的。我们强调个人对组织和领导者忠诚的意义，就是因为忠诚是市场竞争中的基本道德原则。倘若违背忠诚原则，无论是个人还是组织都会遭受损失，无论是对组织和领导者还是个人，忠诚都会使其得到收益。

员工需要依靠公司的业务平台才能发挥自己的才智，对公司忠诚，实际上是一种对职业的忠诚，一种对某一种职业的责任感，也是对自己负责。公司需要忠诚和有能力的员工，因为企业的业绩靠忠诚的员工全力创造，企业的信誉靠忠诚的员工用心维护，企业的力量靠忠诚的员工团结凝聚。只有企业有了更好的发展，员工自身的价值才能得以实现，人生才会大放光彩。

忠诚是对归属感的一种确认。一个人确认自己属于某一个集体，这个集体可以是企业，也可以是社会，他就会意识到自己属于这个团队，而且还会自觉地认为他必须为团队做出最大的贡献，才能得到这个团队的承认，所以，忠诚可以确保任务的有效完成，以及对责任的勇敢担当。员工的忠诚首先应该是对事业的忠诚，对自己企业的忠诚，如果对事业忠诚，他就会认真地把他该做的事情做好。

一家著名公司的人力资源部经理说："当我看到申请人员的简历上写着一连串的工作经历，而且是在短短的时间内，我的第一感觉就是他的工作换得太频繁了，频繁地换工作并不能代表一个人工作经验丰富，而是更说明了一个人的适应性很差或者工作能力低，如果他能快速适应一份工作，就不会轻易离开，因为换一份工作的成本也是很大的。"

没有哪个公司的老板会用一个对自己公司不忠诚的人。"我们需要忠诚的员工。"这是老板们共同的心声。因为老板知道，员工的不忠诚会给企业带来什么，只要自下而上地做到了忠诚，就可以壮大一个企业，相反，则可能毁了一个企业。

第二次世界大战时著名的麦克阿瑟将军曾说过："士兵必须忠诚于统帅，这是义务。"对于核心的忠诚，是整个团队实现共同目标的关键因素。因为只要忠诚，就会形成巨大的合力，就会无坚不摧，战无不胜。

在蜜蜂的王国里，有着森严的等级秩序。蜂王永远是高高在上的，所有的工蜂必须忠诚于自己的统帅。因为，蜂王有着对于整个蜜蜂王国来说最重大的责任，那就是繁衍后代。为此，所有的工蜂都必须任劳任怨地供养着蜂王，忠诚于蜂王，只有这样，才能确保整个蜜蜂王国的和谐统一。对于一个企业而言，员工必须忠诚于企业的领导者，这也是确保整个企业能够正常运行、健康发展的重要因素。

忠诚可以维系或是拯救一家公司,这就是忠诚特有的价值。每一个老板都会有忠诚的员工,正是因为这些忠诚的员工帮助了企业健康发展,才使企业能够正常有序地运行。他们忠诚于自己的使命,考虑的是怎样才能把事情做得更好,始终不放弃自己也不放弃工作。

一个人任何时候都应该信守忠诚,这不仅是个人品质问题,也关系到公司和企业利益。忠诚不仅有道德价值,而且还蕴含着巨大的经济价值和社会价值。一个忠诚的员工,能给他人以信赖感,让老板乐于接纳,在赢得老板信任的同时,更是为自己的职业生涯带来了莫大的益处。与此相应,一个人如果失去了忠诚,就失去了一切——失去朋友,失去客户,失去工作,因为谁也不愿意与一个不能信赖的人共事、交往。

尽管现在有一些人无视自己的忠诚,使利益成为压倒一切的力量,但是,如果能仔细地反省一下自己的话,你就会发现,为了利益所放弃的忠诚,将会成为你人生和事业中永远都抹不去的污点,你将背负着这样一个沉重的十字架生活一辈子。

一个人无论什么原因,只要失去了忠诚就失去了人们对他最根本的信任,不要为眼前所获得的利益沾沾自喜,冷静地想想,你失去的远比得到的多,而且你所获得的东西可能最终还不属于你。

2. 从心底认同你所在的企业

每个员工首先是一个追求自我发展和实现的个体人,然后才是一个从事某项工作有着职业分工的职业人。

对于企业的员工来说,有很多因素影响着自己对企业的感受,决定着自己对工作、对企业的忠诚度。如薪水、培训、发展机会、家庭和工作的平衡、公平、同事关系、领导风格乃至工作环境和企业文化等。一个忠诚的员工，只有在接受企业的基础上才能忠诚于企业，因为要获得更大投入感的关键在于，个人与企业的价值观能够密切相连。

当员工认同企业的价值观时，他们就会对工作充满热忱，减少抱怨，他们会认真完成工作任务。也只有认同自己的工作，你才不会觉得自己的工作不起眼，也才会投入百分之百的热情去对待它。

一个最有实力的竞争者，也是一名会使用共同价值观激发自己情感动力的员工。在速度、品质和生产力愈发重要的时代，企业需要自律和具有主动性的员工。因为，这样的员工能够将他们认为最好的主意与雇主共同分享。

有些人之所以能进入相对高层次的职业领域，是因为他们将自己价值观的核心内容与他们的工作融为一体了。对于任何一个员工来说，在一个企业里工作，不管你是否真的喜欢这家企业，除非你选择离开它，否则就要接受它。因为，从某种意义上说，接受企业其实就是在接受自己，这是一种非常积极的观念，也是一种非常基本的观念。既然必须对自己的工作负责，那就学会认同企业，认同企业也就是认同自己。

下面，这位法国老人为我们揭示了认同的作用，或许你可以从中发现工作的真谛，又或许会更加珍惜眼前的工作。

几年前，罗宾斯博士去巴黎参加研讨会，开会的地点不在他下榻的旅店。他仔细地看了一遍地图，但发现自己仍然不知道该如何前往会场所在的五星级旅店，于是他便走到大厅的服务台，请教当班的服务人员。

这位身穿燕尾服、头戴高帽的服务人员，是位五六十岁的老先生，脸上有着法国人少有的灿烂笑容，他仪态优雅地摊开地图，仔细地写下路径指示，并带罗宾斯博士走到门口，对着马路仔细讲解前往会场的方向。

他的热忱及笑容让人如沐春风，他的服务态度彻底改变了罗宾斯博士原来觉得"法式服务"冷漠的看法。

在罗宾斯致谢道别之际，他微笑有礼地回应道："不客气，祝你很顺利地找到会场。"接着他补充了一句，"我相信你一定会很满意那家星级旅店的服务，因为那儿的服务员是我的徒弟！"

"太棒了！"罗宾斯博士笑了起来，"没想到你还有徒弟！"

老先生脸上的笑容更加灿烂了，"是啊，25年了，我在这个岗位上已经工作了25年，培养出无数的徒弟，而且，我敢保证我的徒弟每一个都是最优秀的服务员。"他的言语流露出发自内心的骄傲。罗宾斯博士看着他，心里有一种很奇怪的感觉。

"什么？都25年了，你一直站在旅馆的大门口啊？"

罗宾斯博士不禁停下脚步，向他请教乐此不疲的秘密。

老先生回答说："我总认为，能在别人生命中发挥正面影响力，是件过瘾的事情。你想想看，每年有多少外地旅客来到巴黎观光，如果我的服务能帮助他们减少'人生地不熟'的忧虑，而让大家感觉跟在家里一样有个很愉快的假期，那不是很令人开心吗？而且让我感觉自己成为每个人假期中的一部分，好像自己也跟着大家度了假一样愉快。"

"我的工作是如此的重要，许多外国观光旅客都因为我而对巴黎有了好感。"他说，"所以我私下里认为，自己真正的职业，其实是——'巴黎市地下公关局长'！"他眨了眨眼睛，幽默地说道。

罗宾斯博士被老人的回答深深地震撼了，他从老人平静朴实的言语中感受到了一种不同寻常的力量。法国老人之所以会热爱自己的工作，是因为他从中体会到了自己的价值，体会到了企业将工作交给他是对他的信任和期待，企业的价值与他自己的价值追求是相互联系而又统一的。

企业价值观为企业的生存和发展提供了基础方向和行动指南，为企业员工形成共同的行为准则奠定了基础。李维休闲服企业的总裁执行长汉斯说："一家企业的价值观——它所代表的，以及它的员工所信仰的——对它的竞争力至关重要。事实上，是价值观在驱动事业。"

企业价值观提供了衡量凝聚力的尺度，这种共同的规则体系和评判标准决定了企业全体人员共同的行为取向。没有共同价值观的企业必定是松散而没有竞争力的，如同大海中失去航向的船只。企业价值观中还包含价值理想，这种永恒的追求信念赋予企业员工以神圣感和使命感，并鼓舞企业员工为崇高的信念而奋斗。

接受企业、认同企业绝不是靠外力强加于自己的，而是你自己人生价值的一种需要，这种积极心态在成功的企业中表现得非常突出，有很多员工在第二天就要离开企业的情况下，前一天依然会很认真地做好自己的工作。在美国许多企业会有推荐信，专门用来介绍跳槽员工的工作情况。由此可见，如果你否定你所经历过的任何一家企业，那就意味着否定你自己。

所以，你职业生涯中服务过的任何一家企业，都应该是你的一个荣耀。当个人的价值观和对自己未来的期待能与企业达成一致时，你就像钻开了取之不竭的能量源泉，你会喜欢自己的工作，而不再有弹性疲乏的危机。

3.优秀员工忠于自己的团队

团队离不开成员的忠诚，除此以外，团队的强大还需要成员个体的强大，需要成员之间能够相互学习，共同追求卓越，这才是对团队更大的忠诚，也是更高要求的忠诚。

忠诚建立信任，忠诚建立亲密关系。只有忠诚的人，才能赢得周围人的信任，获得周围人的认同，并且被接纳成为他们中的一员；只有忠诚的人，才会因忠诚于团队而前途无量。

老板在招聘员工的时候，绝不愿意把一个不忠诚的人招进企业；顾客在购买商品的时候，也绝不愿意与一个缺乏忠诚的人交易；与人共事，没有谁会愿意和一个不忠诚的人合作；交友，也不会与不忠诚的人为友；组建家庭，那更是要考验对方忠诚度够不够，对方是否值得自己付出忠诚……总之，只要有人存在的地方，就离不开忠诚，因此，团队也离不开成员的忠诚。

成员的忠诚对于一个团队来说是非常重要的，拥有成员的忠诚，团队的力量就可以表现出来，发挥出它极致的作用。

比如在作战过程中，你忠诚于你的作战小组，那就有助于提高作战小组的战斗力，有助于减少战友的伤亡，这一切都是有利于小组生存的。尤其是两人搭档的"亲密朋友"组合中，相互忠诚的两个战友，取得胜利的可能性是单独行动的几倍，而不仅仅是两倍。这样的例子很多，比如在一次反恐怖行动中，被冲散的士兵被恐怖分子逐个击毙，而没有被冲散的小组却成功地歼灭了数十倍于他们的恐怖分子。

怀特是一名出色的营销工作者。他所在的部门曾因为团队合作精神非常引人注目而使每人的营销业绩特别突出。然而，这种协调又融洽的合作氛围后来被怀特给搞砸了。就在前不久，营销企业的高层给怀特所在的部门安排了一个重要的项目，部门经理再三琢磨，反反复复，犹豫不决，最后还是未弄出一个切实可行的行动方案。然而，怀特认为，他对这个项目已形成了一个成熟周密而又具有可操作性的行动方案。为了表现和展示自己，他未事先与部门经理商讨，也没有把这个方案提交给部门经理，而是越过部门经理，直接向企业总经理表达了他自己愿承担这个项目的意愿，而且提出了可行性方案。

怀特的这种做法，严重地损害了部门经理的感情，破坏了业已和谐与融洽的团队合作精神。后来，企业总经理安排他与部门经理共同完成这个项目，两人曾因怀特先前的所作所为而在工作上不能形成一致的意见，严重的分歧在所难免，导致团队出现裂痕，团队精神进而荡然无存。这个项目最终也毁在了他们手中。

"在那时，我才真切地感到了忠诚的意义，感到了什么是'亲密朋友'。你必须绝对忠诚于你的搭档，你的搭档也必须绝对忠诚于你。"怀特感慨万分地说，"每前进一步，你在确保自己安全的同时，也要确保同伴的安全，因为两个人中任何一个牺牲了，另一个人存活下来的可能性也不大。"

读完故事，我们也能够从怀特的感慨中体会到忠诚对于一个团队的重要性。在一个全体成员相互依赖的团队里，如果缺少了忠诚，那后果将是难以想象的，轻则完不成任务，重则全军覆没。在企业里，团队之间的忠诚合作同样是非常重要的。

团队的力量来自同事间的相互忠诚。一个缺乏相互忠诚的团队，即使这个团队个个都是精英，也是一盘散沙，自然也就不能成为成功的团队。唯有忠诚才可以换来事业的成功。

发挥团队的优势，需要精诚的合作者。合作，能加强凝聚力，能形成向心力，能提高战斗力。缺乏忠诚的团队，即使个个都是全能冠军，也未必是成功的团队。打造团队忠诚，进而形成强大的团队力量，管理者和被管理者要共同努力。

团队力量来自成员的忠诚，如果失去了团队成员的忠诚，那么这个团队面临的考验将是非常严峻的，轻则影响团队的战斗力，影响团队作用的发挥，重则会让一个团队灭亡。

如果为了个人的表现，丢弃了自己的团队荣誉感，打乱了团队的秩序，那么团队凝聚力将被破坏，工作绩效也会降低，失去了成员忠诚的团队就是一盘散沙，怀特所在团队的事例就说明了这一点。

要组建优秀的团队同样需要强调成员的忠诚，只有每个成员都忠诚于自己所在的团队，他们才会为团队的强大尽心尽力工作，才会全身心投入、通力协作，才会把发展团队当作发展自己一样看待。

一滴水要想不干涸的唯一办法就是融入大海，一个员工要想生存的唯一选择就是融入团队。作为团队中的一分子，如果不融入这个群体，总是独来独往，唯我独尊，必定会陷入自我的圈子里，难以与周围的同事融洽相处。这样的团队是没有战斗力的，也是不能为企业带来效益的。请记住：如果你是忠诚于企业的，那么就忠诚于你所在的团队吧！

责任 忠诚 激情

4. 学会用欣赏的眼光看待上司

我们常会听人说:"就他那点水平也配领导我?""我的那个上司简直比一头猪还笨!"说这些话的人实在不是一个聪明的职场人,他们大多都是在公司中不被领导器重的人,或者是跟领导有间隙、有矛盾的人。

黑格尔说过:"无论什么时候,你都要相信'存在的,即是合理的'。一个人即使一无是处,至少也有一两个优点。"所以说,当你看一个领导时,不要只盯住他的缺点和不足之处,而是换成一种欣赏的眼光。要知道金无足赤,人无完人,领导也有不足之处,上司在工作的能力上未必如你,但他一定有很强的管理能力,所以这时你需要用欣赏的眼光看待领导的不足之处,这样你才会真心服从你的领导者。

有一位著名企业家说过这样一句话:"一个人事业的成功,15%基于他的专业技能,85%则取决于他欣赏别人的态度。"因此,任何时候你都要明白这样一个道理:成功的事业和欣赏一个人是分不开的,能够放下自己的高眼光,懂得去欣赏上司的优点的人,才有机会幸运地获得上司的青睐。

蓝小莫在一家跨国咨询公司上班。对于这份工作,她很喜欢,工作起来也很卖力。可是,自从一个"海归"上司回来以后,她决定辞职,因为她实在不敢恭维这个上司的能力。

每天,蓝小莫在下班之前,都会把第二天的工作计划和重要资料整理好后才走,可是第二天来的时候,所有整理好的文件总是被弄得一团糟。几次后,蓝小莫发现,这原来是她的那个好大喜功的上司为了向总部领导显示自己的工作能力,每次在她走后,都拿着她的这些文件资料去老板那里大谈工作成果和工作方式。

上司总是剽窃自己的劳动成果，就没有自己的出头之日，蓝小莫很恼火，但苦于他毕竟是上司，她又不好说什么，只好选择辞职。

当蓝小莫把辞职信放到总经理助理卡利斯莉面前的时候，卡利斯莉女士十分意外，因为她知道蓝小莫是一个工作十分出色的员工。当卡利斯莉了解了原因后，她并没有打算接受蓝小莫的辞职信，而是给她讲了自己的一个故事：

在卡利斯莉年轻的时候，她和现在的蓝小莫一样，因为不满意上司的表现而换了工作，可是换了一份新工作后，时间不久，又发现新的上司有这样那样的毛病，于是，她又辞职了。经历了几次换工作后，卡利斯莉发现自己这样的做法是很愚蠢的，因为几年下来，她没有给自己的简历上留下任何工作成果。因此，她来到现在这家公司以后，决定从底层做起去面对一个未知的上司，于是她决定不再调换工作，而调换一下自己看待上司的视角，她尽量地避开他们的弱点，而是寻找领导的优点。最后她发现，即使一个看上去很让人讨厌的领导，他的身上也有可爱的地方，所以她一直工作到现在，直到做到了助理的位置。

听了卡利斯莉的故事，蓝小莫收回了她的辞职信。

从那以后，她从欣赏的角度看自己的这个菜鸟上司了。一段时间后，她发现那个原本惹人讨厌的上司不仅幽默感十足，而且见多识广。在一些商务社交活动中，他能从容应对各种场合。蓝小莫似乎明白了，这个能力不如自己的人为什么能成为自己的上司了。

其实，你要明白一个道理：上司之所以成为上司，能坐到今天这个位置，一定有其过人之处。身为属下的员工，就应该学会欣赏上司身上的亮点，而不是去挑上司身上的"刺"，去揭领导的短。人无完人，你需要的是学会欣赏他。

在职场中，不论自己的能力有多强，要放低心态，欣赏你的老板，尊重你的同事。因为只有在欣赏一个人时，当别人差遣你的时候，你才会用心做对方安排你做的事。

寸有所长，尺有所短。拿己之长比人之短，这本身就是不公平的事。因此，你要虚心地学习上司的长处，认真地改正自己的短处，这样才能更好地充实自己，不断进步。应该认清，拿自己和周围的人进行横向比较，这样你就会改变原来看人的眼光。

5.不离不弃，与老板同舟共济

企业兴衰，关键在人，人，是引领企业成功的关键。每一个企业，每一个老板都梦寐以求能够拥有一支忠诚服务企业、团结勤奋、敬业服从、高素质高水平、能和企业荣辱与共、同舟共济的员工队伍。因为企业的生存和发展是离不开员工的，员工才是企业的第一资源。

老板把员工看作是企业最重要的资产。对于老板而言，公司的生存和发展都需要员工的敬业和服从；对于员工来说，需要的是丰厚的物质报酬和精神上的成就感。从表面上看员工是给老板打工的、是为老板服务的，彼此之间是雇主与雇员的雇佣关系，似乎存在着某些不平等性，并且，在一些员工的眼中，企业是铁打的营盘，员工是流水的兵，员工对企业来说只是过客，老板才是企业真正的主人。其实，就一定角度而言，这种观念是需要修正的，身在职场，不管是什么情形，都要有一种主人翁的意识，都要有一种同舟共济的精神。

世界上最可贵的员工是什么样的员工？其实，就是对企业不离不弃，与公司共命运的员工。

公司在发展的道路上难免会碰到风风雨雨，此时，你是转身离开，还是坚持留下来跟公司并肩同行？

对于这种情况，愚蠢的人往往会选择前者，而聪明的人则会选择后者。他们认为自己是公司的一员，就应该自始至终地追随公司，公司遇到困难只是暂时的，只要大家能够携手并肩作战，就一定会渡过难关，赢得美好的未来。

从更高的层面来看，老板和员工是和谐统一、相互依存的鱼水关系。公司和老板需要忠诚、有能力的员工，才能生存和发展，业务才能进行；而员工必须依赖公司的业务平台才能发挥自己的聪明才智，实现自己的价值和理想。企业的成功意味着老板的成功，也意味着员工的成功。只有老板成功了，员工才能成功，老板和员工之间是"一荣俱荣，一损俱损"的密切关系。因此，老板和员工之间的关系应该是建立在这种雇佣关系之上而超越雇佣的一种相互依存、相互信任、相互忠诚的合作伙伴关系。

有一家生意不错的电子产品销售企业，老板出差期间，有人秘密地把企业大部分的客户资料出卖给了竞争对手。销售旺季到来之时，这家企业以往的签约顾客居然很少有来购买产品的，因此，企业慢慢地陷入了前所未有的危机。

没有人知道是谁干的。客户服务部的经理引咎辞职，老板也觉得自己对不起企业的员工。"我很遗憾企业出现了这样的事情。"老板说，"现在，企业的资金周转出现了困难，这个月的薪水暂时不能发给大家。我知道，有的人想辞职，要是在平时我会挽留大家，但这个时候大家想走，我会立刻批准，因为我已经没有挽留大家的理由了。"

"老板，您放心，我们是不会走的，我们不能在这个时候离开，我们一定会战胜困难。"一个员工说。"是的，我们不会走的。"很多人都在说。员工中表现出来的那种与企业同呼吸共命运的决心感染了老板，也感染了在场的每一个人。

后来，这家企业没有倒闭，而且比以前做得还要好，因为，在危难中老板发现了一批具有同甘共苦精神的员工，依靠他们，企业的发展有了真正的支柱。与此同时，在危难中留下来的员工也都得到了重用，他们在企业的发展中也夯实了自己，而那些临危而去的员工显然失去了一次发展自己的机会。

老板说:"我要感谢我的员工,在我要放弃的时候,是他们身上体现出的与企业共患难的精神感染了我,帮助企业战胜了困难,他们让我知道了什么样的员工才是企业真正需要的,什么样的员工才是企业的顶梁柱。"所以说,忠诚的员工是不会在企业陷于困境的时候独自抽身而去的,与老板同舟共济是对忠诚的最高要求。

每个人的成长过程都不是一帆风顺的,同样公司的成长也会遇到许多坎坷,任何事物的成长都是从一个又一个的坎中走过的。谁都希望自己所工作的公司能够不断发展壮大,但是,公司在发展过程当中难免会遭遇困境,和老板同舟共济,意味着你不但可以和老板分享成功的喜悦,更主要的是在面对困难时,能够替老板分忧。

当公司面临种种艰难的考验时,身为其中的一员,也都在接受着各种不同的考验。如果能够经受住最艰难的考验,能够在危机时刻与公司并肩奋斗,与公司携手共进,那么你的思想素质,你的业务水平都会得到很大的提高。在公司面临困难的时候,你的付出会得到更大的回报,在今后的发展中,你将成为公司中流砥柱的一员。

6. 一盎司的忠诚相当于一盎司的智慧

在今天,并不缺乏有才能的人,只有既有才能又忠诚于老板和企业的人,才是老板心目中的最佳人选。面对种种诱惑,忠诚在今天显得更加可贵,一个忠于老板、忠于公司的员工,一定会努力工作,对公司产生巨大的影响。同时,忠诚也使他的事业达到他人无法企及的高度。

忠诚使一个人保持正直,给他以力量和耐力,并且,它也是一个人精力充沛的主要动力。忠诚的人会与公司同舟共济,以高度的责任感对公司负责。

忠诚是一种美德，一个对公司忠诚的人，实际上不是仅仅忠于某个老板，忠于某个公司，而是忠于人类的幸福。这种健全的品格，会使自己成为一个诚实、和善、敬业的人。

乔治到这家钢铁公司工作还不到一个月，就发现很多炼铁的矿石并没有得到完全充分的冶炼，一些矿石中还残留没有被冶炼好的铁。如果这样下去的话，公司岂不是会产生很大的损失？

乔治接连找到负责这项工作的工人和工程师，但他们都不以为然，他们并没有像乔治那样把它看成一个很大的问题。

但是乔治认为这是个很大的问题，于是他拿着没有冶炼好的矿石找到了公司负责技术的总工程师，他说："先生，我认为这是一块没有冶炼好的矿石，您认为呢？"

总工程师看了一眼，说："没错，年轻人你说得对。哪里来的矿石？"

乔治说："是我们公司的。"

"怎么会，我们公司的技术是一流的，怎么可能会有这样的问题？"总工程师很诧异。"其他工程师也这么说，但事实确实如此。"乔治坚持道。

"看来是出问题了。怎么没有人向我反映？"总工程师有些发火了。

总工程师召集负责技术的工程师来到车间，果然发现了一些冶炼并不充分的矿石。经过检查发现，原来是监测机器的某个零件出现了问题，才导致了冶炼的不充分。

公司的总经理知道了这件事之后，不但奖励了乔治，而且还晋升乔治为负责技术监督的工程师，总经理说："我们并不缺少有能力的工程师，缺少的是负责任的工程师，这么多工程师就没有一个人发现问题，并且有人提出了问题，他们还不以为然，对于一个企业来讲，人才是重要的，但更重要的是对公司具有负责精神和忠诚的人才。"

乔治从一个刚刚毕业的大学生成为负责技术监督的工程师，可以说是一个飞跃，他能获得工作之后的第一步成功就是来自他对公司的忠诚。他的忠诚和由此产生的责任感让他的领导者对他委以重任。

每一个尊重自己和尊重别人的人，都会在行动中严格遵循这一格言——诚实地按照自己所设想的去做。把高尚的人格融入自己的工作之中，认真细致地做好每一件事，他就会为自己的诚实正直和责任心而感到自豪。

人们似乎注意到，取得成功的因素不光是一个人的能力，还有他优良的道德品质。因此，R·哈勃德说："一盎司的忠诚相当于一盎司的智慧。"

三、尽忠职守，干一行爱一行

员工忠诚于企业的基础是热爱自己的工作。不管你从事何种行业，也不论你处于什么阶层，对于任何一个工作来说，热爱都是做好它的前提。很难想象一个连本职工作都不喜欢的人能够长期待在自己的岗位上，自然也谈不上忠于企业。而忠于企业的人，一定会在自己的工作中体现出来。

1. 不管多难，都要热爱你的工作

热爱本职工作是员工忠诚的基础，同时也是忠诚的应有之义。工作是连接员工与企业之间的纽带，企业不为员工提供工作，员工与企业之间就永远不会发生关系，那么也谈不上员工要忠诚于企业了。

员工要忠诚于企业，就需要热爱自己的工作，很难想象一个对自己的工作都不热爱的人能去热爱他所在的企业，并忠诚于它。

热爱自己的岗位，热忱地投入工作，干一行，爱一行，钻一行，以此来体现你对企业的忠诚，从中你会发现工作的价值。

约翰是一家连锁超市的打包员，每天机械地重复着几乎是一成不变的枯燥工作，毫无建树。直到有一天，他听了一场以"建立岗位意识"为主题的演讲会，这种情况才开始改变。约翰开始学计算机，并且设计了一个能够自动搜索"每日一得"的程序，每天下班后，他就会把搜索到的"每

责任 忠诚 激情

日一得"打印出来，并在每份的背面都签上他的名字。当第二天他给顾客打包时，就会把这些温馨有趣或引人深思的"每日一得"纸条放入顾客购物袋中。他希望通过自己的努力让这份枯燥乏味的工作变得充满情趣，并且让顾客感受到商店对他们的关心。

结果，奇迹出现了。一天，连锁店经理到店里例行巡视，发现在约翰所在的结账台排队的人竟比其他结账台多出3倍！经理大喊道："不要都挤在一个地方，多排几队。"但是没有人同意。"我们排约翰的队是因为我们想要他的'每日一得'。"其中，有一个女顾客走过去对经理说："现在只要从这里路过我就会进来，要知道，过去我可是一个星期才来一次商店的。"

在平凡的工作岗位上创造出不平凡的业绩，把简单的事情做得不简单，这就是对企业的忠诚，正如约翰所做的那样。

许多知名企业在招聘人才的时候，并不十分看好在业务技能上顶尖的人员，员工对工作的敬业程度和热忱与否，将是企业是否录用他们的一个重要衡量标准。也有一些企业打出了"只用最合适的，不用最好的"招牌。许多时候，你是否会喜欢自己的工作，是否能以饱满的热情投入到工作中，都会影响到你在企业中的形象，还有你的工作业绩。

对企业能否忠诚并不取决于你的才能，但是却与你的工作态度密切相关。如果你怀着一颗虔诚的心，以高度的热忱对待工作，即使不能立刻为企业带来效益，你的工作态度也会影响周围的同事，而且你的工作最终是会为企业带来效益的，这是你对企业做出的贡献，也是你忠诚于企业的表现。

微软总裁比尔·盖茨认为，评价一个人做事的好坏，只要看他工作时的精神和态度即可。如果一个人工作起来充满热情，他就能够做到精益求精和力求完美；如果做起事来总感到受了束缚，感到工作劳碌辛苦，没有任何趣味可言，那他就绝不会做出什么伟大的成就。

热爱本职工作是对企业忠诚最起码的表现，也是最容易感动老板的做法之一。一个对本职工作如此热爱的人一定会非常忠诚于自己的企业，而忠诚的员工正是企业所需要的。那么，要想表现出你的忠诚，就从热爱你的工作开始吧！

当然，要热爱本职工作有时也是很困难的，特别是当你的工作不是你的兴趣所在时，这时候就需要做出取舍。如果你选择了离开企业去追求其他工作，那么你可以不必热爱这份工作；但是，如果你选择了留下，你就需要热爱当前的这份工作。

因此，热爱你的工作吧！如果不热爱你的工作，那么，你很难做好任何一件事情。一个人所从事的工作，是他获得幸福的源泉，是他的理想所在，是他对待人生态度的体现。所以，轻视自己的工作，就是轻视企业，自然也不会忠诚于企业。老板绝对不会重用这样的员工，相反，只会很快拒绝他继续当自己的下属。

把自己喜欢的并且乐在其中的事情当成使命来做，就能发掘出自己特有的能力。其中最重要的是能保持一种积极的心态，即便是辛苦枯燥的工作，也能从中感受到价值，在你完成使命的同时，会发现成功之芽正在萌发。

2. 如果不够敬业，你就做不好工作

对于员工来说，如果不能正确理解敬业的实质内涵，就不可能把工作做好，这也阻碍了他们潜力的发挥。

敬业存在两层含义：一个是，老板给我发薪水我就对老板负责，也就是为了对雇主有个交代；另一个是，把工作当成自己的事，这里糅合了使命感和道德感。总之，敬业要彻底到位，不管哪层含义，敬业所表现出来的就是认真负责、认真做事、一丝不苟、有始有终！

员工在执行与其工作职位相适应的职能时，其心理与行为必须要符合

相应的心理规范与行为模式，也就是扮演好自己的角色。作为企业中的一员，任何一个员工都必须按照企业的要求，正确认知自我角色，实现自己的员工角色，以满足企业的期望。可以说，员工角色的实现就是员工通过自觉的实践活动塑造自身审美人格与良好形象的过程。

一个人放弃了自己的职能，就意味着放弃了自身在这个社会中更好生存的机会，就等于在可以自由通行的路上自设路障，摔跤绊倒的也只能是自己。

并不是每一个人都能清楚地意识到自己的职能，无论他饰演的是什么样的角色。不是已经有很多放弃了自己职能的例子吗？特别是在企业，一些人在自己的职位上不做与职能相匹配的事，不仅影响了企业的形象和声誉，也给其他同事造成了很大的消极影响。

敬业包含一个重要内容就是到位。也就是说，无论你充当什么角色，只要能把自己的岗位工作做到尽善尽美，就是到位。作为职员，无论你其他方面如何，工作业绩是首要的。只有把工作做好，个人才能有所发展。

敬业不到位自然就是缺位，你从工作的经历中能够感受到：当你最初接触一项工作的时候，由于陌生而产生新奇，于是你千方百计地了解熟悉工作，干好工作，这是你主动探索事物秘密的心理在职业生涯中的反映。而你一旦熟悉了工作性质和程序，日常习惯代替了新奇感，就会产生懈怠的心理和情绪，容易自我满足而不思进取。

一个人一时的敬业很容易做到，然而要做到在工作中始终如一，能将敬业当作一种习惯却是难能可贵的。

一个员工应把做好自己分内的工作当成一种习惯。即使是补鞋工作，也有人把它当作艺术来做，全身心地投入进去。不管是一个补丁还是换一个鞋底，他们都会一针一线地精心缝补，这样的补鞋匠你会觉得他就像一个真正的艺术家。

没有敬业习惯的补鞋匠则截然相反，随便打一个补丁，根本不管它的外观如何，好像自己只是在谋生，根本没有热忱来关心自己工作的质量。而前一种人热爱这项工作，不是总想着能从修鞋中赚多少钱，而是希望自己手艺更精,成为当地最好的补鞋匠。

有一些职员,他们的技能水平很高,而且精神状态好,让老板也体验到真正的愉悦。但另外一些职员,对工作敷衍了事,从不认真要求自己,只求完成任务,不管工作质量,总是一种即便是犯了错误也无所谓的态度。这在前者看来却会大为不安,如果是因为自己的原因而让老板担忧或亏损,则更是痛苦不堪,就像公司是自己的一样。

敬业促使我们养成每天多做一点事的好习惯,把额外分配的工作看作是一种机遇,当顾客、同事或者公司交给我们某个难题的时候,也许正在为我们创造了一个珍贵的机会。即使在极其平凡的职业中,处在极其低微的位置上,敬业往往会给我们带来极大的机会。敬业使我们不仅仅想到必须为公司做什么,而更多的要想到我们能够为公司做什么。

当我们将敬业当成一种习惯时,能够从其中领悟到更多的知识,积累更多的经验,能从全身心投入工作的过程中找到快乐。把敬业变成习惯,从事任何行业都容易成功。所以,每一个职场中人,都应该磨炼和培养自己的敬业精神,无论你将来到什么位置,做什么工作,敬业精神都是你走向成功的最宝贵的财富。

3. 优秀的人总会保持敬业的职业态度

态度是我们语言中最重要的词汇,它作用于生活的各个领域,包括一个人的业余生活和职业生活。

来自哈佛大学的一项研究发现,一个人的成功中,积极、主动、努力、毅力、乐观、信心、爱心、责任心……这些积极的态度因素占80%左右。无论你选择何种领域的工作,成功的基础永远都是你的态度,也可以这么说:态度决定结果。

对待工作的态度,是一个道德问题——职业道德。有些员工总是认为

责任　忠诚　激情

工作只是为了公司，而自己从中并没有得到太多的好处，既然对自己没好处，那就随便应付一下完成就可以了。殊不知，如果一个人本职工作做不好，就会失去信誉，他再找别的工作，做其他事情都没有可信度。如果认真地做好一个工作，往往还有更好的更有成就的工作等着他去做，这就是良性发展，也会因而拥有更高的信誉和业绩！

一般说来，人的智力相差无几，工作成效的高低往往取决于对工作的态度。一项调查显示：学术资格已不是公司招聘首先考虑的条件，更重要的是新招来的员工有正确的工作态度。大多数雇主认为，迄今为止，这是公司在雇佣工作人员时最优先考虑的，其次是工作人员应该具有职业技能，接着是工作经验。

工作不仅是生存的需要，也是实现个人人生价值的需要，一个人总不能无所事事地终其一生，应该试着把自己的爱好与所从事的工作结合起来，不管做什么，都要从中找到快乐，并且要真心热爱所做的事。

帕特里克·费希尔先生年轻的时候是一个看管旋钉子机器的工人，每天从早到晚所接触的都是钉子，他天天在钉子堆里"打滚"，工作对他来说真是枯燥透顶。他想，世界之大，为什么要把一生都消磨在钉子堆里呢？何况这乏味的工作永无出头之日：做出一批制品，另一批制品便又接着来了，反反复复，没完没了。

费希尔先生满腹牢骚，怨言不断。在他身旁工作的另一位工人听了，认为他的话正好说出了自己想要说的，不知不觉地也抱怨起来。费希尔先生想：难道没有办法把工作变成有趣的游戏吗？于是他开始研究怎样改进工作和增加工作乐趣。他对同事说："我们来一场比赛，你负责做旋钉机上磨钉子的工作，把钉子外面一层粗糙磨光，我负责做旋钉子的工作，谁做得最快谁就赢了。"

他的提议立即得到同事的响应，于是他们开始竞争，结果工作效率竟提高了一倍，从而受到老板夸奖，不久他们便升迁了。费希尔先生后来升为休斯敦机器制造厂的厂长，因为他懂得对待工作时，与其勉强忍耐，不如用快乐的态度去做。

通过工作我们可以获取经验、知识和信心。投入的热情愈多,那么决心就愈大,工作起来效率就会愈高。当抱有这种热情与执著时,工作将不再是苦差事,而是在做一件全身心热爱的事,而且是有人愿意付钱请你来做你喜欢的事。你的工作是为自己找乐趣,假定每天工作8小时,你就等于在快乐的泳池里游泳,如此看来,工作等于快乐,这是一个多么合算的公式!

美国联邦储备银行总裁丽贝特·博伊尔说:"公司聘用人的标准是敬业精神。我认为,工作是一个人的基本权利,有没有权利在这个世界上生存则看他能不能认真地对待工作。公司给一个人工作,实际上是给一个人生存的机会,只有认真地对待这个机会,才对得起公司给予的待遇。"毫无疑问,工作态度已被视为组织机构遴选人才时的第一标准。

敬业是一种职业态度,也是职业道德的崇高表现。一个没有敬业精神的人,即使有能力也不会得到人们的尊重和接受。能力相对较弱但具有敬业精神的人,却能够找到自己发挥的舞台,并一步步实现自身的价值,最后更有可能发展成为广受尊重的人。

敬业精神的强弱取决于一个人的职业态度。人不论职位高低,没有贵贱之分,只要敬业精神始终如一,人们对从事社会服务的体力劳动者也一样非常尊重。而这种敬业精神也随时都可以在机场、饭店、商店等公共场所见到。

无论做什么工作,有多么远大的理想,首先是要把我们的本职工作做好。即使是很普通的人,也应有着很强的敬业精神。

工作在我们的生活中占据了很重要的位置,正如奥地利享有崇高声誉的心理分析专家威廉·赖克所说:"爱工作和知识是我们的幸福之源,也是支配我们生活的力量。"我们要在工作与生活中认真权衡把握这些,毕竟工作是为了更好地生活。

如果仅把工作作为一种谋生手段,我们就不会去重视它、热爱它;而当我们把它视作深化、拓宽自身阅历的途径时，每个人都不会从心底里轻视它，反而无比重视它，由此，工作带给我们的，将远远超出其本身的内涵。

4. 敬业，是优秀职场人的灵魂

树，因有根才枝繁叶茂；船，因有舵才远渡重洋；鹰，因有翅膀才自由翱翔。在职场上，人因有敬业的精神才被称颂赞扬。敬业，是一种恭敬严肃的素养，既是对职业的尊重，也是对自己的工作负责。

作为企业的员工，当长期的程序化的惯性工作使我们产生懈怠的时候，不敬业就有可能像蛀虫一样开始吞噬我们的职业神经，从而产生一种厌弃工作的习惯。对此必须有足够的警醒。

或许，你对公司提倡的"敬业"二字听过百回千遍，觉得寻常得不能再寻常，但你千万别在思想上真正有麻木的感觉。无论你是老板还是员工，敬业对于一个企业来说，都算得上是支撑企业立于不败之地的坚强柱石，这一点毋庸置疑。身在职场中的你，必须以敬业的心态去对待岗位，克服困难，成就完美。

在企业里，敬业的员工，才是老板最看重的员工，也是最容易成功的员工。如果你的能力一般，敬业会带你走向更好；如果你本身就已很优秀，敬业会引领你登上更为成功的顶峰。

艾尔玛大学毕业后应聘到美国杜邦公司工作，刚开始他被分配至总部的行政部工作，每天处理一些零星琐碎的事务。就是这样一个看上去并不怎么起眼的部门，当时却云集了许多博士或拥有高学位的尖端人才，这让艾尔玛感到压力很大。

工作一段时间以后，艾尔玛发现部里的许多员工都很傲慢，架子似乎一个比一个大，仰仗自己学历高、资历深而忽视了身边一些实质性的工作。大多数人整天不是寻思着怎样享乐就是热衷于"第二职业"，并不把自己分内的工作当成头等重要的事情，也就是说，他们并不敬业。

而艾尔玛却不随波逐流，他完全是另一种工作状态，一心扑在工作上，从早到晚埋头苦干，还经常加班加点。他的业务水平提高很快，没多久就成了部里的得力干将，并逐渐受到上级的重用。渐渐地，他凭着办事认真以及果敢干练的工作作风，在同行中脱颖而出，成了部长离不开的左膀右臂，没多久就受到加薪提职的嘉奖。后来，艾尔玛被提拔为杜邦公司在亚洲分公司的负责人。

从上述故事可以看出，松松垮垮、不求上进的工作状态，既是对公司的不负责任，也是对自己职业生涯或发展前景的桎梏与阻碍。艾尔玛之所以能从人群中走向前台，正在于他稳健务实的敬业精神。

员工的敬业程度实际上就是指员工在情感和知识方面对企业的一种承诺和投入。具有良好敬业精神的员工，他们会努力地工作，把自己当成企业的主人，把企业的事当成自己的事，努力使自己所扮演的角色符合岗位角色规范，全心全意做好每一项工作。因此，他们所表现的行为会对公司的发展产生极好的正面影响。

美国通用电气公司总裁杰克·韦尔奇曾经说过："任何一家想要靠竞争取胜的公司必须设法使每个员工敬业。"对服务业来说，这格外重要，因为公司的几乎所有价值都由每个员工提供给顾客。即使是纯粹的制造业，如果没有敬业的员工，也难以生产出高质量的产品。

通常来说，敬业员工一般都具有以下特点：

（1）吃苦耐劳，任劳任怨。

（2）爱岗敬业，技术全面。

（3）恪守职业道德，尽最大努力提高工作质量和效率。

（4）团结协作，顾全大局。

（5）经常性地挑战工作目标。

（6）主动积极，士气高昂。

（7）不断学习，拓宽和增强自身业务。

（8）对公司、团队和本职工作尽心尽力。

上述这些特点，对于促进企业的发展来说无疑具有重要意义。有研究表明，员工越敬业，公司就越具有创新力，生产效率就越高，盈利能力也越好，同时个人赢得发展和回报的机会也越多。

总之，一个尽职尽责、具有良好敬业精神的人，会因为这份担当而让生命更有分量。

5.脚踏实地，干一行爱一行

做事是否踏实，是衡量工作好坏的一把重要标尺，也是成就事业的基础保障。天下大事必作于细，古往今来必成于实。

脚踏实地，是一种尽忠职守的精神，也是一种执行力。很多时候，某些计划的失败，人们总觉得是策略出了问题，但是，回过头来审视，有很多情况都是因为不能脚踏实地去执行而耽误了时间，错过了机会。

生活中，我们都有这样的经验，当你在沙堆里的时候，无论你使多大的劲，总没有你在结实的路面上跳得高、跳得远。其实，做工作也是如此，如果你好高骛远，不能踏踏实实地做好平凡的工作，也就等于没有为自己的进步打下坚实的基础，就是在人生操作上犯了一个大错误。

不能脚踏实地者最大的失误在于不切实际，既脱离现实，又脱离自身，总是这也看不惯，那也看不惯。或者以为周围的一切都与他为难，或者不屑于周围的一切，不能正视自身，没有自知之明。一个人应该对自己有正确的认识，要知道自己有什么不足与缺陷，不要只看到自己的长处和别人的短处。

三百六十行，行行出状元，干一行就要爱一行，对于自己的岗位要倾注极大的专注与热情，否则就不会被人重视。只有做好手边的工作，你才能获得真实的劳动成果。有些事情会深深地印在我们的脑海中，留下终生难忘的印象；有些事情会改变事物的发展方向，使人们的命运发生转变。

小刘在一家单位实习，并约定实习期到毕业为止。刚开始，小刘与公司签订了"三方协议书"。毕业后，小刘满心欢喜准备和公司签合同。可是，公司告诉她要再考虑考虑。一段时间以后，小刘没等到信息。心急如焚的小刘再去问时，公司人力资源部跟小刘说，根据她在实习期间的工作表现和实习评估报告，决定不与小刘签订劳动合同。

原来，这家公司认为，当时他们确实是把小刘作为重点培养对象来看待的。因为小刘是重点院校毕业的，大学期间各门课成绩也很好。虽然实际经验还不是很多，但是公司愿意培养。经过观察后，公司发现小刘不能脚踏实地做事情，总是飘浮不定，这样的员工他们不愿意聘用。于是，公司改变了对她聘用的意向和决定。

脱离了现实只能生活在虚幻之中，脱离了自身便只能见到一个无限夸大的变形金刚。不能脚踏实地，只能在空中飘着，那所有的目标也只不过是海市蜃楼。在工作中，你必须有一份踏实敬业的精神，这样人家才能对你有所期待、有所信任，由此牢牢地把握住人生发展的每一个机会。

在当今现代职场中，许多职场人士最关心的往往不是工作，而是工作薪酬。他们只看薪酬，在他们的眼中，薪酬是自己身价的标志，绝不能低于别人。一旦发现自己的薪酬低于最初的预想，在工作中就会敷衍了事，得过且过，这无疑是错误的。那些不满于薪水低而敷衍了事的人，固然对老板是一种伤害，但长此以往，最终受害的还是自己。因此，不管你从事什么领域的工作，都要全心全意地投入其中，不要被薪水牵着鼻子走。摆脱薪水的控制，把眼光放长远些，你便会踏进成功者的行列。

责任 忠诚 激情

安妮原本是美国通用公司的一名普通办事员，在谈到她破例被派往国外公司任主管时说："我和杰克同时进入这家公司，我和他虽然同样都是研究生毕业，但我们的待遇并不相同，他职高一级，薪金更是高出许多。值得庆幸的是，我没有因为待遇不如人就心生不满，仍是认真做事。当许多人抱着多做多错、少做少错、不做不错的心态时，我仍然尽心尽力做好我手中的每一项工作，甚至积极主动找事情做，了解主管有什么需要协助的地方，事先帮主管做好准备。"

"我这么做都要归功于我的父亲。在我上班报到的前夕，父亲就告诫我三句话：一是要敬业，热爱自己的工作；二是牢记适合自己的就是好工作，要脚踏实地，切忌好高骛远；三是不要太计较薪水，要跟在老板身边学功夫。"

"我将这三句话深深记在心里，自己始终秉持这些原则做事。即使起初位居他人之下我也没有计较，以公司利益为重。一个人的努力别人是会看在眼里的。在后来挑选派往国外任管理人员一职时，我是这批人中唯一一个资历浅、级别低的入选者。这在公司以往的记录中是极为少见的。"

安妮的成功告诉我们，职场中不管做什么事，都要把自己的心态回归到零，把自己"放空"，抱着学习的态度，将每一次都视为一个新的开始，一次新的经验，不要计较一时的待遇得失，要务实肯干，勤奋敬业。如此，你就会不断提升自己在老板心目中的地位，向一名老板器重和欣赏的榜样员工的目标迈近。

由于能力、经验、经济条件等方面的原因，很多人并不能一开始就找到自己心爱的工作，或许你目前干的就是一件你出于权宜之计的工作，但是，只要现在站在这个工作岗位上，你就要以虔诚的心态对待这份职业。即使你自命不凡，心中梦想着更加美好的职业，也一定要以欢快乐意的态度接受你目前的工作，以虔诚认真的姿态完成。所以，不仅要"爱一行，干一行"，还要"干一行，爱一行"。

一份职业所给员工的，要比他付出的更多。如果员工将工作视为积极的学习经验，那么，每一项工作中都包含了许多个人成长的机会。与你在工作中获得的技能与经验相比，微薄的工资会显得不那么重要了。老板支付给你的是金钱，你自己赋予自己的是可以令你终身受益的无价之宝。

事实证明，踏实敬业的人能从工作中学到比别人更多的经验，也会为自己的成功带来极大帮助。因此，脚踏实地是职业生涯中的一份财富，将脚踏实地的做事作风变成习惯的人，从事任何行业都容易成功。

6. 敬业是职场最需要秉持的信仰

忠诚是包含在敬业当中的，在职场中最应重视的美德就是忠诚。每个企业的发展和壮大可以说都是靠员工的忠诚来维持的，如果大部分的员工对公司都不忠诚，那么这家公司距离破产也就不会太远，员工也就即将面临失业。虽然考察一名员工的优劣，有许许多多素质要求——能力、勤奋、主动、正直、负责……但有一点是肯定的，老板更愿意相信那些敬业的人，即使他的能力稍微差一些，而不会重用那些三心二意，没有责任心的人，哪怕他技能一流。当然，既忠诚又有能力的员工会更受欢迎，而现实是，少数人需要能力加勤劳，而多数人却在靠忠诚和勤劳获得在公司的立足之地。

如果我们把工作比作航船的话，敬业的人总是坚守着航向，即使有大风大浪，他们也能镇静地掌稳航向，驶向更为波澜壮阔的远方。一名优秀的榜样员工所表现出的敬业不是口头上的，他（她）忠诚于公司，忠诚于老板。朋友间的忠诚，在危险时刻最能得到表现，同样，员工对公司、对老板的忠诚也是如此，需要在困难时刻经受住考验。公司面临危机的时候，也正是检验员工忠诚敬业程度的时候，优秀的榜样员工总是能和老板同舟共济。

你不妨时常问一下自己：我忠于公司吗？忠于老板吗？如何能证实我

的忠诚呢？

我们先来欣赏一个马车夫的故事：

在美国宾西法尼亚州的山村里，曾有一位出身卑微的马夫。他小时候生活非常贫苦，只受过短期的学校教育。从他15岁那年开始赶马车，两年后他才谋到另外一个职业，每周只有不到三美元的报酬。他无时无刻不在寻找着机会。后来又应聘去了卡内基钢铁公司的建筑队上班，日薪一美元。由于他的勤奋好学，没多久就被提升为技师，接着升任总工程师。到25岁时，他已经是公司的总经理了。到了39岁，他一跃升为全美钢铁公司的总经理。他就是美国著名的企业家，查理·斯瓦布先生。

如果你想学习斯瓦布先生，那么请记住他成功的秘诀：他每得到一个位置时，从不把薪水看得有多么重要，而是把忠诚自己的职业放到首位，像爱惜自己的眼睛一样珍惜获得的职位。他经常用美国西点军校的一句著名格言来勉励自己：像忠诚上帝一样忠诚国家，像忠诚国家一样忠诚职业。

斯瓦布先生的一生就像是一篇情节曲折的童话，我们从他的成功之路中，可以看到努力劳动忠诚于职业所产生的价值。他做任何事情总是十分乐观和愉快，同时要求自己做得精益求精。

通过对多名榜样员工的细致观察，我们从他们身上总结出员工敬业的一些基本特征，概括起来说就是"5个C"：

Confidence，信心。信心代表着员工在事业中的精神状态和把握工作的热忱以及对自己能力的正确认识，在任何困难面前是否能首先相信自己。

Competence，能力。能力是与自己所学的知识、工作的经验、人生的阅历和他人的传授相结合的。

Communication，沟通。在工作中掌握交流与交谈的技巧至关重要。

Creation，创造。在这个不断更新的年代，没有创造性思维是行不通的，不能一味在传统的理念里停滞不前，要紧跟节奏，不断在工作中注入新的想法和提出合乎逻辑的有创造性的建议。

Cooperation，合作。任何企业里的工作，单靠个人的努力单枪匹马地战斗，不依靠集体团结的力量，是不可能获得真正的成功的。善于将大家的智慧汇合起来，面对任何困难和挑战，都将无往不胜。

另外在榜样员工身上我们还会发现他们都具有率先主动的精神，从不懒惰非常勤奋，早来晚走和不断提升自我，对工作无比忠诚等特质。

敬业的人无论走到哪里都会得到人们的信赖，无论从事什么样的工作，都会有成功的机会。

所以，不管你的能力是强还是弱，一定要具备忠诚敬业的品质。只要真正表现出对公司足够的忠诚，你终究会得到老板的关注。他也会乐意在你身上投资，比如给你学习培训的机会，提高你的技能等等，因为他认为你是值得信赖的人。

一切以公司利益为重，忠诚公司和老板，这种忠诚不同于一味地阿谀奉承，不是用嘴巴说出来的，它不仅要经受考验，而且还表现在你的行动和行为上。

忠诚是一名榜样员工的优势和财富，忠诚就是他的效率，忠诚就是他的竞争力。

既忠诚又有能力的员工，不管到哪里都是企业领导者喜欢的人，都能够找到自己的位置。而那些三心二意只想着个人得失的员工，就算他的能力无人能及，最终也不会得到老板的重用。

请记住，如果你忠诚地对待你的公司、你的老板，他也会真诚地对待你。当你的敬业和忠诚又增加了一分时，别人对你的尊敬也会相应增加一分。

四、珍惜你的职业平台，处处为公司利益着想

公司是每个员工生存和发展的平台，也就是说，员工的利益依赖于公司利益，只有公司发展了，员工才能从中获得发展。这就要求每个员工要以维护公司利益为己任，把自己看作公司的主人，时时刻刻为公司着想，维护公司的利益，只有有了这样的员工，公司才能获得发展，才能壮大。

1. 把节约当作忠诚的一种习惯

节约是一个人应当具有的品质，为企业节约更是一种道德高尚的表现。那么节约究竟与忠诚有着什么关系呢？为什么要将节约当作一种习惯呢？其实，一个能够为企业节约的人，正是一个将企业利益放在首位的人，这样的员工不仅会利用较少的资源创造更大的效益，还会为企业节约一大笔成本，他们当然是老板眼中的忠诚员工。

在严格的成本控制下，不但企业节约了可观的资金，也培养了企业员工的成本意识，倡导节约、反对浪费已经蔚然成风……由此可见，节约对一个企业有着多么重要的意义。

忠于企业的员工会想方设法地为企业节约，用自己的良好习惯去履行对企业的忠诚。为企业节约就是替老板着想，你对老板的体谅自然会换来老板对你的器重。

只要你在工作中留心点，时刻提醒自己不要浪费，如果只需要9元的

费用就可以将事情办妥，那么你就绝不要用去10元，久而久之，节约就会成为你的一种习惯。这时候，你内在的优秀品质就会为你铺就一条通往成功的阳光大道。

一位年轻的大学毕业生到一家企业应聘，当他刚刚跨进老板的房门时，发现墙角有一张完好无损的白纸，就弯下腰捡了起来，然后交给主考官。正是这一个小小的举动，让他受益匪浅。在众多的应聘者中，他如愿以偿，战胜了比自己更有专业优势的许多竞争对手而成为企业的员工。事后，主考官对他说："是你的良好习惯帮你获得了这个职位，企业要的就是你这种具有节俭精神的人。"

那位大学毕业生被企业录用后，董事长在分配他工作任务时说："其实那张纸是我们故意放在那里的，那是我们对应聘者的一种考验，但是只有你这样做了，也只有像你这样的员工——懂得珍惜企业的微小财物的员工才会给企业创造价值。"

可见，企业在录用人才的时候，并非只关注你的专业水平，具有优秀职业素养的员工往往更加受老板的欢迎，不注意自己行为的小节，有时候会将到手的机会错过。

凡事为企业节约，企业也会按比例给你报酬。奖励可能不是今天、下个月甚至明年，但它一定会来，只不过表现方式不同而已。当你养成了习惯，将企业资产视为自己的资产一样爱护，你的老板一定会看在眼里，记在心上，在适当的时候他会奖励你、提拔你、重用你。

由于现在的市场机制不够健全，分配机制也不尽合理，大多数人的付出与收获难成正比，但是，要明白这只是暂时的，随着国家宏观调控职能的健全，市场机制的不断完善，收入分配的合理化是可以预见的。因此，作为员工就要看得长远，不要将眼前收入的不合理现象完全归因于企业和老板，而忽视自己的工作义务，忽视企业的利益。

事实上，能够做到把节约当作习惯的人其实很少。有时，你可能会损坏企业的财物；有时，你会偶尔浪费企业的水电；有时，你又会无谓地消耗企业的纸张、原材料。即使你没有损公肥私的想法，但是长久之后，老板定会对你产生不好的看法，认为你没有为企业效力的诚意，所以，在企业还是要谨小慎微的好，不要因为一些不好的习惯而给老板留下不忠诚的印象，进而毁了自己的前途。

因此，在企业一定要注意，为企业着想，从细小处为企业节约，这是忠诚员工的本分，也只有这样，老板才会将你列入忠诚员工的行列，给予你更多的发展机会。

2. 坚决维护公司利益和荣誉

一个忠诚的员工必然是维护公司利益的，忠诚是衡量一个人是否具有良好职业道德的前提和基础。毫无疑问，一个公司更倾向于选择忠诚的员工，哪怕其能力在某些方面稍微欠缺一些。一个员工固然需要精明能干，但再有能力的员工，不以公司利益为重仍然不能算一个合格的员工。

员工有责任维护企业的利益和荣誉。员工就是企业的代言人，员工的荣誉在某种程度上就代表了企业的荣誉。员工在任何时候不能做有损企业利益和荣誉的事情。这也是对一个员工最起码的要求。就像你不愿意让别人伤害你的利益和荣誉一样，你愿意让别人伤害你自己企业的利益和荣誉吗？

当忠诚由生活态度成为工作态度时，工作对于自身的意义就不仅仅是赚钱那么简单，你也就不会因为公司的规定而觉得自己的自由受到了羁绊，更不会做出违背公司利益的事。

维护公司利益从细处讲就是要求员工尽职尽责，热爱本职工作，对客户负责，有强烈的责任感，能充分承担本职工作的经济责任、社会责任和道德责任，不做任何与履行职责相悖的事，不能做那些有损于企业形象和企业信誉的事。那些不能很好地履行工作职能、自由散漫、随便许诺的语言和行为，都不符合企业员工的工作规范。

从某种程度上来说，不能维护公司利益的员工是相当可怕的，特别是那些身居要职而又居心不良的"精明能干者"。这种人参与公司的经营决策，了解公司的商业秘密，他们的某些行为甚至可能直接影响到企业的生存和发展。因此，一个公司所器重、所相信的职员，往往都是那些可信赖的维护公司利益的人。

工作时间不做私事，这是公司对每一个职员最基本的要求。不要认为这是无伤大雅的小事，公私分明是每一个职员应遵守的职业纪律和必备的职业道德。在工作时办私事，不但会耽误工作进程，影响工作气氛，久而久之还会造成公司和职员之间的感情对立。因此，工作时间不做私事，不但会使老板放心，对你有很好的评价，而且还会营造出一个轻松、和谐的工作氛围。

此外，还要戒除私心，不要将公司的物品私有化，这些微不足道的小节能反映出一个人的职业操守。事实上，老板最担心的是用错人，如果用一个只知道一味追求私利的人，只会给公司带来负面影响。因此，一个有强烈的事业心、一心为公司谋更高的利益、公私分明的员工，才是老板喜爱并愿意重用的人。

能够维护公司利益的员工都具有强烈的荣誉感。员工是企业的代言人，员工的形象在某种程度上代表了企业的形象。员工在任何时候都不能做有损企业形象的事情，这也是一个员工最基本的职业准则。就像你不愿意让别人伤害你的形象一样，你也不容许让别人伤害你自己企业的形象。

有荣誉感的员工，他们会顾全大局，以公司利益为重，绝不会为个人的私利而损害公司的整体利益，关键时刻甚至会牺牲自己的利益以保全大局。他们知道，只有公司强大了，自己才能有更大的发展。事实上，有这样想法的员工才有可能被真正地委以重任。往往是那些有集体荣誉感的员工，才真正知道自己需要什么，企业需要什么。没有集体荣誉感的员工不会成为一名优秀员工，具有集体荣誉意识的人，在任何团队中都会受欢迎。

一个年轻人应聘到安联电工公司做推销员，由于家境很不好，他很珍惜这次工作机会，对公司很热爱。他每次出差住旅馆的时候，总是在自己的姓名后面加上一个括号，写上"安联电工"四个字，在平时的书信和收据上也这样写，天天如此，年年如此。"安联电工"的签名一直伴随着他，他的这种做法引起了同事们的注意，于是就送了他一个"安联电工"的绰号，而他的真名却渐渐被人们淡忘了。后来，他逐步被提升为组长、部长、副总，直至成了安联电工公司的总经理。

如果那个年轻人没有一种以安联电工为荣的荣誉感，他能表现得这样尽职尽责吗？成绩可以创造荣誉，荣誉可以让你获得更大的成绩。一个没有荣誉感的员工，能成为一个积极进取、自动自发的员工吗？如果不能认识到荣誉的重要性，不能认识到荣誉对自己、对工作、对公司意味着什么，又怎么能为公司争取荣誉、创造荣誉呢？

事实上，只要我们尽职尽责、努力工作，工作同样会赋予我们荣誉。在争取荣誉、创造荣誉、捍卫荣誉、保持荣誉的过程中，我们个人也不知不觉地融入到了集体之中，获得了更好的发展。

一位总裁说过："我用人有一个很重要的标准就是忠诚。当我们争论一个问题时，忠诚意味着你把自己的真实想法告诉我，不管你认为我是否喜欢它。意见不一致，在这一点上，让我感到兴奋。但是一旦做出了决定，争论终止，从那一刻起，忠诚意味着必须按照决定去执行，就像执行你自己做出的决定一样。"

现代企业的经营风险比传统企业更大，作为员工有义务对企业所做的决定提出自己的真实想法，以及灵活地执行企业的决定。一个人无论他的级别高低，当他为整个公司的利益敢于发表自己的想法时，他的勇气和忠诚就值得钦佩。

如果你对于企业即将执行的决议有不同的看法或者认为这个决议有一

定的缺憾，而这一点可能正是企业经理所忽视的，那么你有义务和责任提出自己的真实想法。相反，如果不提出来，这正是你的不负责任和对企业的不忠诚，因为你没能把企业真正当成自己的企业。如果你是因为自己的职位太低或者只是一名普通的员工才没提出来，那么，可以告诉你，这根本就不是理由。因为一个真正忠诚于企业的员工，会时时为企业的兴衰担忧，甚至为此据理力争。没有人会嘲笑一个为企业利益着想的人，而且，你的老板会为你的忠诚感到骄傲。

3.忠诚必须体现在工作行动上

　　忠诚不是嘴上的玩笑话，说说笑笑就算了，而是需要接受考验的。空口说笑的人一般经受不住时间与实践的考验，因为忠诚不是体现在嘴上，而是必须落实在行动上的。
　　嘴上说忠诚的人，一般都是比较滑头的人，他们最擅长的不是认真工作，而是投机取巧，蒙混过关。他们从不将精力放在自己的本职工作上，而是花心思哄得老板开心，从情感上骗取老板的信任。聪明的老板一眼就可以识破，有时候他们不揭穿你，并不代表他们就接受你这种"忠诚"方式，而是留时间给你改正。但是，很多人并不珍惜这样的机会，最后只得落得卷铺盖走人的下场。
　　现在企业里并不缺少只会在嘴上说忠诚的人，他们平时跟老板走得很近，什么端茶倒水、开车门等小事都为老板服务得非常周到，可是一干起正事来，就找来各种各样的借口。
　　梦想愚弄老板的人最终只会愚弄自己，殊不知忠诚是必须落实在行动上的。平时吹嘘得再厉害，但是经受不起实践工作的检验，在老板眼里仍然不是忠诚。老板最终会将眼光投向那些有实干精神，实实在在为企业创造效益的员工，因为，他知道这些员工的行动才真正体现了对企业的忠

责任 忠诚 激情

诚。实干家才是老板最贴心的帮手，最能为企业带来利益的人，老板不可能不器重、信任他们。

真心诚意、实心实意地为老板工作，这是最能够体现忠诚的工作方式，不需要你向老板说太多的忠诚之言，只需要你在老板需要的时候积极行动就可以了。口头上的东西毕竟是虚的，看不见摸不着，聪明的老板还是会相信眼见为实的东西，因此，要表达对企业的忠诚，积极有效的行动是最好的方式。

捷克是一家大型企业的保管员。有一次，他看见企业的一位宣传员正在为企业编写一本宣传手册，但由于这个人平时老说空话，文笔又不好，编写出来的东西实在难以引起别人的兴趣。捷克想到自己平时喜欢读书，也写过不少文章，不如也编一个试试看。因此，捷克便主动编了一本几万字的宣传材料，送到了那位宣传员手中。

看完捷克写的材料，那位宣传员如获至宝，因为他发现这些材料不仅内容翔实，材料精练，而且文笔出众，远远超出自己的水平。最后，他决定不用自己编写的那份而改用捷克编写的宣传材料。所以，他交到总经理手中的材料就是捷克写的那份。

总经理把宣传材料仔细地看了一遍之后，很快意识到材料不可能是那位宣传员自己写的，因此便把那位宣传员叫到自己的办公室。

"这应该不是你编写的吧？"总经理问。

"不……是……"宣传员用颤抖的声音回答。

"那么，这又是谁编写的呢？"总经理继续问。

"企业的一位保管员。"宣传员答道。

"你叫他到我的办公室来一趟。"

"小伙子，你怎么想到把宣传材料编写成这种样子呢？"总经理打量了一下捷克后问道。

"我觉得这样做，不但有利于对员工进行宣传，灌输我们的企业文化、理念和管理制度，而且有利于对外提高我们的企业声誉，树立我们的企业形象，更有利于产品的销售。"捷克说。

总经理笑了笑说："很好！我很欣赏你这样的实干家，你用自己的行动实践了你对企业的忠诚，比说大话、唱高调的人要强百倍！以后，你就专门负责这个吧。"

几天后，捷克被调到了宣传科任科长，负责对外宣传企业形象。一年后，因为工作出色，他又被调到了总经理办公室任助理。

捷克的事例告诉我们，大唱高调而不善于行动的人，最终会被淘汰、弃用，而具有真材实料又善于行动的人，最终会得到老板的信任和重用。用行动展现对企业、对老板的忠诚，远比那些空洞的承诺要可靠得多、令人信服得多。老板对于你的行动也会给予相应的回报。

表面上"绝对忠诚"于老板的人，实质上是一些无能之人，他们干不出什么业绩来，只好伪装出忠诚的面孔来讨好老板。他们似乎在说："老板，我如此忠诚，我应该得到回报。"这样的忠诚有什么意义呢？企业的利润要靠汗水去创造，并不是员工表表忠心就能得到的。忠诚，不应该成为掩盖自己无能的借口。

在工作缠身的时候，不要总抱着"这是我分外的事情，我不必多操心"的心态。对于你分内的工作，你更应该多做一点。例如，每天可以提早一会儿上班，梳理一下当天的工作计划，你也可以在工作之余用一些时间准备下一步的工作。对于分外的工作，你不要回避，它们会给你带来许多新鲜的东西，有助于你学会面对各种事物。

多干一些实事，少说一些空话，用真实的行动向你的企业、你的老板、你的同事证明你的忠诚。实干胜于空言，优秀的员工，应该实心实意地为企业工作，这是你的职责，体现着你对企业的忠诚。

行动和实践是体现员工对企业、对老板忠诚的最好方式，老板们也是靠着这一点来考验员工的忠诚的。因此，要想使自己的忠诚经受住考验，你就应该努力培养自己，时刻提醒自己，不要只说不做，要将忠诚体现到实践中去。

员工用行动证明自己对企业的忠诚，这是老板们最感欣慰的事情。老板的事业离不开员工的忠诚，离不开员工的实际工作，因此，"忠诚要落实到行动上"也体现了老板们的心声。员工要想得到老板的信任与重用就需要牢记：用行动来展现自己的忠诚。

4. 与企业同呼吸共命运

有人说，企业与员工如山与树，如水与鱼，也有人说，员工是企业的滴滴血液，是在企业永恒燃烧的激情；企业是员工有所作为的重要平台，是员工拥有使命并为之奋斗的源泉。的确如此，公司的兴衰与员工的利益息息相关。俗话说，大河有水小河满，大河无水小河干。只有企业发展了，才有我们自身的生存和发展；只有企业兴旺发达了，才能更好地实现我们自身的价值。

美国前总统肯尼迪有一句名言："不要问国家能为我们做些什么，而要问我们能为国家做些什么。"同样，作为一名企业员工，我们也要明白同样的道理——不要问企业能为我们做些什么，而要问我们能为企业做些什么。

要知道，身为员工，公司就是你生存的空间，是你发挥才智的舞台，是你前进的依托。如果只图安逸，不知道努力，只知抱怨，不知道奉献，是不可能有好的职业前景的。只有将公司利益放在首位的员工，才能获得企业领导者的信任和重用，在实现企业整体利益的同时，实现自己的个人价值。

有一个名叫林子明的年轻人，他刚毕业时在一家著名的广告公司工作，老板叫何勇，年龄比林子明稍微大几岁。何勇是一个比较聪明而且有头脑的企业家，他为人亲和，做事认真，林子明真心地佩服他，希望可以跟着这位老板干出一番事业来。

林子明主要负责帮老板签单、拉客户，虽然工作时间不长，但是他却经验老到，这可能是因为他经常在老板身边做事的原因。他谈吐文雅，深受客户的敬佩。

后来，公司承担了一个大型项目的策划——在城市的各条街道做广告。全市的每条街道做10个广告，那么全市至少要几千个，这个项目给公司所带来的经济效益和社会效益都是不可估量的。公司的所有员工都对这个消息万分惊喜，他们满腔热忱地投入到工作中。

正当大家兴致勃勃之时，老板何勇却突然宣布了一个消息：本月工资到下个月才发。原因是公司所承接的这个项目耗资巨大，公司资金暂时有些周转不过来。为了打消大家的疑虑，何勇还说："大家放心，这只是暂时的，等下个月公司周转开，我会及时发还给大家的。现在请大家多多体谅。"当时所有的员工都相信老板所说的是实情，都表示没有问题。而此时林子明却在一旁暗暗地想："公司现在正是资金紧缺的时候，如果大家都能够伸出援助之手帮助公司集资，这样对公司来说是一个莫大的帮助。"

不久，当这个项目审批下来的时候，资金更加紧缺，公司完全陷入停滞状态。现在别说员工的工资发不了，就连平时的日常开支也不能应付了。公司前景暗淡，所有的人都觉得这样下去不是办法，此时林子明向老板说出了心中的想法：全体员工集资。老板此时心灰意冷，他丧气地说："能集多少钱啊？公司现在需要的不是一个小数目，就是能集几十万也无法解决问题啊！这些钱只是杯水车薪，很难应付整个局面的。"后来，公司召集全体员工开会，当老板将公司的现状陈述之后，接下来的几天，很多员工陆续辞职了，偌大一个公司此时所剩无几，剩下的也是人心涣散，没有拿到工资的人将老板的办公室围得水泄不通。这样的场景令林子明感到伤感。他是一个重感情的人，因此就决定在这个时候留下来。

他相信沙漠里也有绿洲，奇迹何时都是可以出现的，因此当有人高薪聘请他时，他果断谢绝了。

他说："我心里有一杆秤，我的良心不允许我那样做，我绝不会抛弃现在的公司，只要它一天没有倒闭，我就会死死守住阵地。"

老板已经到了崩溃边缘，但林子明却过去安慰他，老板不解地问："为什么别人都走了，你却依然留下来？"他说："既然已经上了这条船，那么当船遇到危险，应当做的是想办法解决问题，同舟共济，而不是临阵逃脱。"

后来，公司摆脱困境，逐渐步入正轨，公司很快获得了较快的发展。在一次大会上，老板感叹地说："要不是当初林子明与我并肩作战，哪里会有我的今天啊。"之后，林子明就被提拔为副经理，成了业界里颇有声誉的名人。

林子明的成功一方面来源于他本身的才能，另一方面也在于他有着与多数人不一样的忠诚精神。在企业这条大船上，我们有着共同的方向，有着共同的命运。让船乘风破浪，安全航行，是我们共同的目标，更是每个员工不可推卸的责任。一旦遭遇风暴、暗礁等风险，谁都不应逃避，更不能逃避。我们唯一能做的就是：同舟共济，共渡难关，让船安全靠岸。因此，与企业共命运，应该是每一名员工的神圣职责。

可以说，公司是员工赖以生存的基础。公司在创造效益的同时，也为员工创造了优越的工作条件，带来了良好的经济收入，提供了广阔的发展空间。因此，员工应该对公司心存感激之情，与企业同呼吸共命运，同成长、共奋斗，把感恩之情转化为回报公司的具体行动。只有想企业所想，急企业所急，把同舟共济的理念植根于心，才能和企业一起披荆斩棘、乘风破浪、扬帆远航，迎来更加绚烂的明天。

5. 公司的危机是表现忠诚的机会

影响事业成功的因素成千上万，但是有一点是不可以忽略的，那就是忠诚的品质。任何事业有成的人都是忠诚的人。因为，只有忠诚的人才能够迎来发展的机会，也只有忠诚的人才能够毫无保留地贡献自己的才华，并最终取得成功。

坚守忠诚，你可以获得更多的发展机会，为企业创造更多的财富，实现自己的价值，成就事业；相反，你会为此付出沉重的代价，失去做人的尊严，失去发展的机会，更加谈不上成就事业了。因此，任何时候都不要放弃忠诚，因为放弃忠诚就等于放弃一切；忠诚可以帮助你取得事业的成功，这是不争的事实，晓红就因为在关键时刻表现出了忠诚，最终赢得了老板的信任，获得了展现自己才华的机会，并最终取得了事业上的巨大成绩。

晓红在一家房地产企业获得了一份打字员的工作。打字室与老板的办公室之间只隔着一块大玻璃，老板的举止她都可以看得清清楚楚，但她很少向那边多看一眼，每天都是埋头工作。她每天都有打不完的材料，工作认真刻苦。在工作中，她处处为企业打算，打印纸从来不舍得浪费一张，如果是不重要的文件，她都会将一张打印纸的两面都用掉。一次和老板同桌吃饭的时候，老板特别夸奖她，说她这种处处为企业着想的精神实在难得。

后来，受东南亚金融风暴的影响，房地产市场出现大滑坡，企业的生意暂时陷入了困境。老板在一项工程上投入的2000万元被牢牢套死，资金运作出现了困难，员工的工资告急，许多员工跳槽。到第二年5月底，企业总经理办公室的人员就只剩下晓红一个人了。人少了后，晓红的工作量突然增加，除了要打印材料外，她还要负责接听电话，负责为老板整理文件等。但是，晓红并没有任何怨言，她仍然一如既往地为企业服务。同时，她还留心为企业收集一些有用的信息。

有一天，老板对晓红说："晓红，企业现在发不出工资，你为何不走呢？"晓红对老板说："企业还没有垮啊，那我就还是企业的一员，我应该对企业忠诚。"听了这些话，老板很感动。

在沿海，企业还有一个公寓项目，如果能够将这个项目顺利卖出去，那么企业的困境就将解除了。谁最适合委以重任呢？这时候，老板想起了晓红。老板不知道，其实晓红也在考虑这件事。晓红给老板看了她关于沿海项目的策划方案。老板埋头看了好一会儿，然后，抬起头，满脸都是惊讶和喜悦："对不起，我以前对你的安排简直是大材小用！"

几天之后，晓红被派往沿海。在那里，她整整干了3个月。结果，那个项目全部先期售出。她带着3800万元的现金支票回到企业总部。

企业终于有了起色。不用说也知道，晓红办事一鸣惊人，得到了企业的重用。她对企业的那份忠诚拯救了企业，同时也成就了自己。

晓红凭借自己对企业、对老板的无比忠诚，赢得了老板的器重，被委以重任，最终在事业上取得了巨大的成功。

可见，忠诚于你的企业，真心付出能够获得丰厚回报。忠诚能够得到老板的信任和重用，获得展现自己才华的机会，成就自己的事业，任何一个员工都不能把忠诚不当一回事。

忠诚是每一个员工都需要具备的一种品质，只有对工作忠诚、对企业忠诚的人，才能做到处处为企业着想。这样的员工带给企业的是无尽的财富，有物质上的也有精神上的。物质上，他们会千方百计为企业的发展贡献自己的力量；精神上，他们会为其他员工树立良好的榜样，让企业其他的员工都学到他们的忠诚，一心一意为企业效力。试问，这样的员工又有哪个企业不想要呢？

忠诚蕴含着巨大的经济价值和社会价值，一个人任何时候都应该信守忠诚，放弃忠诚就等于放弃了成功。忠诚可以赢得老板的信赖和重用，相反，对企业不忠诚的员工只会落得"此处不留人"的下场。一个人如果背叛企业，那就等于背叛自己，将自己推入了万劫不复的深渊。

无论一个人在组织中以什么身份出现，对组织的忠诚都应该是一样的。我们强调个人对组织忠诚的意义，就是因为无论是组织还是个人，忠诚都会使其得到收益。

企业成功的最直接推动因素就是人。能够坚守职责和忠诚的员工，就坚守住了企业的立命之本，就坚守住了企业的生存根基。作为员工应该明白自己的忠诚对企业来说意味着什么。责任心差、忠诚度低的员工会使企业面临生存危机，没有哪个老板会愿意重用这样的员工。

6. 让工作结果超出报酬

一英寸的长度也许是微不足道的，它只比你的手指宽了一点点。但是，就是这些微不足道的一英寸，会让你的工作发生很大的变化。尽职尽责地完成自己工作的人，只能是一名合格的员工，如果多这么一英寸，你就完全可以变成一名优秀的员工，让老板对你刮目相看。

有人曾做过一些调查研究，发现事业成功的人与平庸的人付出的努力其实相差很小，就多出了那么"一英寸"的距离。但其结果，却不止一英寸那么小。

所以说，只要多那么一点点的努力就会得到更好的结果。谁能使自己"总比别人多走一英寸"，谁就能得到千倍万倍的回报。詹妮小姐可谓是深谙其中秘密的人，看看她是怎么做的吧！

詹妮小姐是一家公司的打字员，一个周五的下午，同楼层的一位其他部门经理走过来问她，现在哪里能找到一位打字员，他必须马上找到一位打字员，否则没法儿完成当天的工作。

詹妮告诉他，公司所有的打字员都已经度周末去了，三分钟后，自己也将离开。但詹妮最终没有丝毫犹豫便留了下来，帮助这位经理完成了当天的工作。在詹妮心目中，工作必须在当天完成，这比度周末更重要。

事后，经理问詹妮要多少加班费。詹妮却开玩笑地说："本来不要加班费的，但你耽误了我看演唱会。那可值五百美金呢，你就付我五百美金吧。"

詹妮以为事情就这样过去了，丝毫没有放在心上。但三个礼拜后，她接到了一个信封，是那位经理让人送过来的。里面除了五百美金，还有一封邀请函，经理请詹妮做自己的秘书，经理在信中表示："一个宁可放弃看演唱会的机会而工作的人，应该得到更重要的工作。"

詹妮只是多走了一英寸，为那位经理多做了一点事情。这位经理并没有用特权要求詹妮放弃休息来帮助自己，但詹妮却主动这样做了，不仅得到了五百美金，还使自己得到了一项更好的职务。

"总比别人多走一英寸"其实是一个人人都懂的秘密，关键看你是否去走。工作中，有许多地方都要我们多走"一英寸"，大到自己的工作态度，小到接听一个电话、送一封信件，只要能"总比别人多走一英寸"，就将会有意想不到的回报。

如果你是一名发货员，也许会在发货单上发现一个与自己毫无干系的错误；如果你是一名送信员，也许会在公司的信函上发现一个印刷错误；如果你是一名打字员，也许可以像詹妮一样做一些自己职责以外的事情……这些也许不是你职责范围内的事情，但是如果你多走了"一英寸"，就会离成功更近一些。

也许你多走的这"一英寸"无法立刻得到回报，但要记住，付出必有回报，这是一个历经检验的法则，不要对此有所怀疑，应该坚定不移地一英寸一英寸地走下去。

"总比别人多走一英寸"不仅是要我们多做一点努力，更重要的是要把自己分内的事做得更完美。每个人所做的工作，都是由一件件小事构成的，但不能因为这些事小而敷衍了事，而应该在完成任务的基础上，再多走上一英寸，争取做得更完美。

当你每天"总比别人多走一英寸"时，你已经比周围的人具有了更多的优势，这不但能显示你勤奋的美德，还能发挥你的工作技巧与能力，你的上司和客户都会乐于与你合作，自然就会使你具有更强大的生存能力。不要总以"这不是我的工作"为由而逃避责任。当你为公司多付出"一英寸"时，你的发展也就多了不止一英寸。

"每天总比别人多走一英寸",不是语言上的表白,而是要具体落实在行动上,如果每天都能坚持这样,那么你会有怎样的进步呢?不要以为一英寸的长度老板看不到,其实,老板每时每刻就在你的身后,对你的每一点进步都心知肚明。不过,更重要的,是你从这"一英寸"中获得了经验的积累,知识的补充,这都是取得成功不可或缺的要素。

"每天总比别人多走一英寸"其实并不难,我们已经付出了百分之九十九的努力,已经完成了绝大部分的路程,再增加"一英寸"又有什么困难呢?"每天总比别人多走一英寸",需要的是一种责任感,一种决心,一种敬业的态度。

下篇
对工作有激情，你的职场会更精彩

激情永远是员工快速成长、踏上成功之路的不二法门。激情能激励人们克服艰险，攻克难关，只有将激情真正融入你的血液，甚至是你的灵魂中，你才能在职场上获得长足的发展，实现与公司的共同成长。激情在现代人生活中的分量愈来愈重，甚至成为衡量一个人是否具备基本职业道德的重要准则。不管你为哪家公司、哪个老板工作，最好的方法就是把工作当成自己生活的一部分，当成一段愉快的经历，这样，你的职场生涯才会更加精彩。

一、别让激情的灵魂丢失

工作热情是一种洋溢的情绪,是一种积极向上的态度,更是一种弥足珍贵的精神。它是一种力量,使人有能力解决最艰深的问题;它是一种推动力,推动着人们不断前进。任何企业都希望员工对工作抱有积极、热情、认真的态度。因为具有激情的员工,能够感染别人,使事情向良好的方向发展,只有这样的员工,才是企业进步的根本。

1. 激情催人奋进,是工作的灵魂

有一种情绪状态叫激情。这种情绪状态,催人奋进。古往今来的一切成功之士,无不与他们的激情投入有着至关重要的关系,因而可以说,激情与人生成功有着不解之缘。

领导干部的激情作用是员工们积极行为的巨大动力源,它会激励人们挖掘潜能,克服艰险,攻克难关。如果我们以充满激情的心态做好自己的工作,结交更多的朋友,为自己加油打气,就会距成功越来越近,因为激情与成功有约。

其实工作的成就感绝不只是靠金钱得到的,把收入看淡一点,从工作中发现兴趣,远比盲目地另找一份工作要实际,当然,如果变换工作遵循的是内心的志趣,就要另当别论了。不过,更多的时候,工作的激情,不在于工作本身有趣与否,而在于我们有没有热情投入到工作中去,许多工作，正是因为我们没有投入，也就发现不了其中的乐趣。不妨做个这样的试验，在两个时间段里，分别以积极的态度和消极的态度去做手头的工作，你会发现再枯燥的工作，只要你努力去做，也会变得有趣起来；而再有趣的工作，如果你兴味索然地去干，也会变得了无生趣。工作的价值，取决于我们的态度，这就是工作的哲学。

我们完全有可能在平凡的工作中点燃自己工作的激情，学会从工作中寻找乐趣，而不是等待未来可能给我们带来乐趣的事情；热爱工作，把工作当作事业来做而不过多地去计较得失；不只把工作当作谋生的手段，而把它看作发展自己潜能与天赋的机会，这就是我们成功人生的秘诀。

最佳的工作效率来自高涨的工作激情，我们很难想象，一个对工作兴趣淡薄的人会全身心地投入工作，得到很好的工作效果。

兴致勃勃会让人更好地发挥想象力和创造力，在短时间里取得惊人的成绩。我们要善于培养工作的激情，而下列条件是产生激情必不可少的：

（1）保持平衡。这是指认识工作难度与工作能力之间的差距。如果工作太简单无法激起工作热情，大脑必然会很松懈，不能取得应有的工作效率；反之，工作难度大，以至于负担过重，无法胜任就会打击人的自信心，让人陷入沮丧之中。

（2）价值。如果从事的是一份你认为无足轻重的职业，那你肯定不会忘我地工作。只有选择的职业符合你的价值观，能充分发挥你的特长，让你觉得有意义的时候，你才会不断努力，争取成功。

因此，你可以列出几项自己曾喜爱的职业，进行分析，分别找出是什么吸引你，然后找出你觉得最有意义的一项去从事。它将成为激励你克服障碍、锐意进取的动力。

（3）确定目标。我们在做具体工作的时候，很容易仅仅把它作为一项任务来完成，然而，事实上，每项工作都有其明确的目标。如果能随时在心里明确这个目标，提醒自己完成这项任务将有利于推动整个项目的发展，我们也就有了努力的方向，而不至于懈怠。

（4）控制力。不论你从事哪种工作，都应培养良好的控制力，要有信心把工作向好的方向推动，否则，你就很容易产生一种失败感。

（5）对公司进行整体评估。作为公司的一员，应该头脑清醒地对公司进行整体评估。了解它的现状、未来的走向、它的人事变动及其原因。只有当公司文化符合你个人的价值观、期望值时，你才会真正融于其中。

（6）构想未来。首先认真构想一下自己的将来，十年、二十年以后，你希望过上怎样的生活，从事什么样的职业，并把它作为最终追求。如果你明白现在所做的正是为未来的成功铺平道路，就一定会努力工作，为自己创造出积极进取而不是消极等待的氛围，这种氛围对人的成长是有利的。同时，为了实现未来的构想，应该好好规划一下现在的生活，问问自己，我现在做的工作是否有利于我更快地达到最终目标？如果不能，那么我选择什么更合适？这种追问应该不断反复，直到找到最佳职业。

（7）以轻松的心情积极地对待工作。削减10%的工作时间，让自己每天早一个小时完成工作。你就会发现，原来这并不是一件很难的事情，而且，这么做几乎不会影响到你的工作质量，反而会提高你的工作效率。总之，如果繁杂的工作使你厌倦不已，你就应该适时适量地减少工作量，只要你确信这样做可以使你的心情更为放松愉悦，相信必然会为你的工作带来更大的效率。

莎士比亚这么说过："人总是在痛苦和厌倦之间摆动，远离痛苦就接近厌倦，远离厌倦就接近痛苦。"这段话用来比喻工作与激情的关系倒是蛮贴切的：失业的时候，为没有工作而痛苦；工作时间长了，又为没有激情而厌倦。保有长久激情的秘诀，就是给自己不断树立新的目标，而不只是老想着转换工作；把曾经的梦想捡起来，找机会去实现它；审视自己的工作，看有哪些事情一直拖着没有处理，然后把它做完。在你解决了一个又一个问题后，自然就产生了一些小小的成就感，这种美丽的感觉就是让激情每天都陪伴自己的最佳方法。

2. 激情的人总能高效地完成工作

再熟悉的工作，再简单的工作，你都不可掉以轻心，都不可没有激情。如果一时没有焕发出激情，就强迫自己采取一些行动，久而久之，你就会逐渐拥有激情。

工作就像一座煤山，激情就是火种，用激情去点燃这座煤山，工作就会燃烧起来，释放出巨大的能量。对工作拥有激情的人大多能获得高效业绩，一个缺乏激情的员工，绩效必定是平平甚至是低劣的。

威廉·费尔波，这位耶鲁大学最著名也是最受欢迎的教授，在他极富启示性的《工作的兴奋》中写道："对我来说，教书凌驾于一切技术或职业之上。我爱好教书，正如画家爱好绘画，歌手爱好歌唱，诗人爱好写诗一样。每天起床之前，我就兴奋地想着有关学生的事……工作之所以能够高效地完成，最重要的因素就是对自己每天的工作抱着激情的态度，热忱是我们最重要的财富之一。"

是的，每个人都具备激情，只是这种激情深埋在人们的心灵之中，等待着被开发利用，为高效的业绩和有意义的目标服务。同样一份职业，分别由具有激情的人和没有激情的人去做，效果是截然不同的，前者使人变得有活力，工作干得有声有色，创造出许多辉煌的业绩；而后者则使人变得懒散，对工作冷漠处之，当然就不会有什么发明创造，潜在能力也无法发挥。

一个人不关心别人，别人也不会关心他；自己垂头丧气，别人自然对他丧失信心；如果成为这个职业群体里可有可无的人，也就等于取消了自己继续从事这份职业的资格。可见，培养职业热忱是竞争的至关重要的条件。

责任　忠诚　激情

内心里充满激情，工作时就会兴奋，精神也就会振奋，同时也会鼓舞和带动周围的人提高工作效率，这就是激情的感染力量。在职业生涯中，要想把工作做得又快又好，把自己的事业经营得大有起色，必须保持一股工作的激情。只有当热忱发自内心，又表现成为一种强大的精神力量时，才能征服自身与环境，创造出一个又一个令人叹服的业绩，保证自己在激烈的竞争中立于不败之地。

一个能够拥有激情的人，不论从事什么职业，都会怀着极大的兴趣。因为有了兴趣，自然而然地会热爱自己的工作，认为自己的工作是一项神圣的天职。不论遇到多少困难，或需要多么艰苦的训练，始终会用不急不躁的态度去进行。只要抱着这种态度，任何人都会快捷圆满地达到理想的目标。

曾任纽约中央铁路公司总裁的佛里德利·威尔森，在一次接受采访时被问及如何才能高效工作促进事业成功，他回答："我深切地认为，一个人的经验愈多，对事业就愈认真，这是一般人容易忽略的成功秘诀。成功者和失败者的聪明才智，相差并不大。如果两者实力接近的话，对工作较富热忱的人，一定比较容易获得更多的业绩。一个不具实力而富热忱的人和一个虽具实力但不热忱的人相比，前者的成功也多半会胜过后者。"

任何事业，要想获得成功，首先需要的就是工作激情。激情愈强烈，工作就变得愈可行，信心也跟着大增，业绩也随着日渐显著。你愈投入热忱，事情就愈显得容易，做起来就愈能轻松地实现。

假如缺乏激情，一定是一个无精打采的人，即使所有的机会都来到身边，也会稀里糊涂地把它们丧失殆尽，工作效率就难以保证。因此，事业成功离不开高效的支持，其要诀是用全部身心开始自己的工作。不论从事什么工作，你都必须热爱它，并全身心地投入进去，你会得到一种神奇的力量，当这股力量被释放出来，就足以克服一切困难。因此，对工作充满激情是一切希望成功的人必须具备的条件。

3. 让激情引爆你对工作的热情

激情是工作当中一种最为难能可贵的品质，对于一个员工来说就如同生命一样重要。有了激情，一个员工可以释放出巨大的潜在能量，补充身体的潜质，发展成一种坚强的个性；有了激情，可以把枯燥的工作变得生动有趣，使自己充满对工作的渴望，使自己产生一种对事业的狂热追求；有了热情，还可以感染周围的同事，拥有良好的人际关系，组建一个强有力的团队；有了激情，我们更可以获得老板的提拔和赏识，获得更多的成长发展机会。

让激情为你加油，一句话，你的工作将会面目一新。美国著名的成功学家拿破仑·希尔曾经这样评价激情："要想获得这个世界上的最大奖赏，你必须拥有过去最伟大的开拓者所拥有的将梦想转化为全部有价值的献身热情，以此来发展和销售自己的才能。"

可在现实中，很大一部分人对自己的工作和所从事的事业缺乏激情。早上上班时，一步一蹭地挪到公司后，无精打采地开始一天的工作，对待工作是能推就推，能拖就拖，就盼着下班的时间早些到来。他们缺乏一种对工作、对事业的激情。这种问题并不是出在工作上，而是出在我们自己身上，如果你本身不能对自己的工作充满激情的话，那么即使让你做你喜欢的工作，一个月后你依然会觉得它乏味至极，我们大多数人已经有过这样的经历。

IBM前营销总裁巴克·罗杰斯曾说过："我们不能把工作看作为了几张美钞的事情，我们必须从工作中获得更多的意义才行。"我们得从工作当中找到乐趣、尊严、成就感以及和谐的人际关系，这是我们作为一个人所必须承担的责任。

激情其实就是对工作、对自己的一种自信，是一种自动自发的、视工作为一种快乐的工作态度。每一位对工作非常热情的员工，都是公司最为看重、最为欣赏的员工。他们对工作、对公司施以最大的激情，公司也会给他们以最大的回报。

也许在过去的日子里，你还缺乏热情的态度，每天谩骂、批评、抱怨、牢骚，在无奈和抱怨中有气无力地活着。没有激情，这一切是无法改变的。对你的工作倾注激情，你将从中获得丰厚的回报。

其实，要想让激情为你加油，就要下决心在枯燥的工作中倾注激情，使工作充满活力。其实，这也不是太难的事情。有句谚语是这么说的："湿柴点不着火。"缺乏激情，不是工作的问题，而是你的"易燃指数"不够让激情的火燃烧起来。点燃你心中对工作的激情之火，一切都会好起来的。

要想点燃心中对工作的激情，在工作时就要昂首阔步地向前走，为自己创造良好的心态，鼓励自己把全部热情倾注于工作中，这样工作起来才会意气风发。

在工作中比别人先行一步，不要总跟在别人后面。当电话铃响起时，抢先接电话，尽管你知道不是找自己的；当客人或上司来时，最先起身接待；召开会议时，最先发觉该给他人的杯子里添上茶水，等等。反应敏捷、做事勤快、行动力强就是热情工作的最直接体现。

当然，要想点燃对工作的激情之火，最重要的是要自动自发、积极主动地做事。把激情投入到工作中去，你会发现很多问题，主动想办法解决这些问题，不但会从中学到很多知识，而且还会给上司和同事留下果断、利落的印象，无疑这对于你的成长大有裨益。

总之，每天精神饱满地去迎接工作的挑战，以最佳的精神状态去发挥自己的才能，就能充分发掘自己的潜能，你的内心同时也会发生变化，变得越发有信心，别人也会越发认识你的价值。

4. 工作的进步，就是不断地发掘激情

每个人内心深处都有像火一样的激情。可是却很少有人能将自己的激情释放出来，大部分人都习惯于将自己的激情深深地埋藏在内心深处。这些人的意志力很脆弱，经不起一丁点的失败。在工作时，遇到挫折，就对自己失去了信心，认为自己不行，一天到晚愁眉不展，怨天尤人，根本无法振作精神，即使有好机会使问题出现转机，也会因为没有丝毫的激情而任由机会白白丧失。

有许多不良的心态会影响到我们的激情。为了发掘自己的激情，我们首先要认清自己心中的真实想法，把我们心中影响激情的因素从根底除去，大部分的人在工作时，心中或多或少都会抱有这样的念头：

这种工作只有受过训练方能完成。

这种事必须得有某种条件才行。

唉，我的年纪已经太大了。

我真的不具备这种能力。

……

这些念头，像一盆盆冷水一样浇灭人心头的激情之火。如此下去，只能使自己更加束缚在冷漠之中，从而真的变得连一点激情也没有了。然而，如果有火一样的热情，就必定能使自己的一切都得到改变，成为你想象中的另一个人。

克劳斯是一家公司的推销员，是一个能给人好感的忠厚之人，但缺少一些气魄，同事们讽刺他是"地狱最下层的人"，这是指他是公司里业绩最差的推销员，公司虽然很欣赏克劳斯的人品，但也只能考虑让他走人。

但就在这个时候，克劳斯突然爆发了巨大的激情，开始积极地工作，营业额开始逐渐上升，一年后已经成为公司的王牌推销员，又过了一年，他竟成为国内销售冠军。

在全国推销员的表彰大会上，克劳斯受到了董事长的表扬。董事长给克劳斯授完奖以后，对克劳斯说："我从来没有这样高兴地表扬过人，你是一个杰出的推销员，不过，你的营业额高速增长，这巨大的转变是怎么实现的呢？能不能让大家分享一下你的成功秘诀呢？"

克劳斯并不擅长言辞，他有点害羞地说："董事长先生及各位先生女士们，过去我曾因为自己是个失败者而垂头丧气，这一点我记得很清楚。有一天晚上，我看到一本书，上面写着'工作需要激情'，我忽然好像领悟到了什么一样，我不能再这样下去了，我找到了以前失败的原因，那就是缺少对工作的热情，我相信，我会改变的。第二天一大早，我就上街从头到脚买了一套全新的衣服，包括西装、内衣、袜子、衬衫、皮鞋、领带等等所有的衣物，我需要全面地改变自己。回家以后我又痛痛快快洗了个澡，头发也洗干净了，同时也把脑子里消极的东西全都洗出去了，然后我穿上刚买的新衣服，以前所未有的热情开始出去推销了，随后，我的营业额就开始上升了，而且越来越顺利。这就是我转变的过程，非常简单。"

克劳斯的转变，是因为他唤起了对工作的激情，并没有其他的原因。热情可以把一个人变成一个完全不同的人，这是一个多么令人激动的转变呀！

其实，许多员工在工作上之所以不太顺利，甚至失败，就像是之前没有成功的克劳斯一样，皆因缺乏对工作的激情。

查理·琼斯提醒我们："如果你对于自己的处境都无法感到高兴的话，那么可以肯定，就算换个处境你照样不会快乐。"换句话说，如果你现在对于自己所拥有的事物，自己所从事的工作，或是自己的定位都无法感到一丝激情，那你肯定无法获得成功。

所以就算工作不尽如人意，也不要愁眉不展、无所事事，要学会掌控自己的情绪，激发自己的激情，让一切都变得积极起来。

现在开始发掘你的激情吧！其实这并不是一件很难做的事，关键是你要行动。如果你不开始行动，怎么能谈得上成功呢？你需要找到这种感觉，只是坐等、想象，是克服不了对人和事的冷漠态度的，你要想采取激情的态度，就必须依照那种态度行事，如果只是坐等这种感觉从天而降，那么你可能对人对事永远都不会有激情。

成功的人士都懂得，有什么样的态度，就会做出什么样的选择。那些等待别人来帮助自己点燃激情火花的人总是靠别人的怜悯生活，他们的态度总是围绕周围发生的事忽热忽冷，而积极的人则会选择激情的态度。如果想成为一个积极、乐观、充满激情的人，你就需要有勇气为选择这样的生活态度而负起责任。

感觉不到激情的人怎样才能产生热情呢？一个最好的办法就是以积极的态度全面想想自己工作的好处，坚信你从事的事业，发掘那些积极的方面，从而促使自己行动起来。这有助于点燃你内心的激情之火，激情的火焰一旦点燃，你下一步该做的就是不断加柴，让火苗越来越大。

如果你想更激情些，就与其他激情者待在一起。曾在成功学方面著书立说的专家邓尼斯·韦特利说："激情有传染力，当一个激情的人出现时，其他人就很难再无动于衷保持冷漠。"当你将激情者组成一个团队，这个团队的能量将是无穷的。

5. 激情能把复杂的工作变得简单

激情是一股力量，它和信心一起将逆境、失败和暂时挫折转变成为行动。

不论你所处的工作环境是多么的恶劣，也不管你的工作担子有多么重，要坚信自己绝对有能力扭转，所做过的美梦终有成真的一天。然而如何才能实现呢？只要你凡事都带着激情去做，拿出你自身蕴藏的能力来，这股力量可以立即改变你工作中的任何层面，就看你是否真心想把它释放出来。

当你认真地想做好时，一切都变得很有可能，没有什么是太麻烦或太困难的。障碍就像田径赛的栏栅，等着被征服。外来的干扰会被视为学习的机会，并能激励人继续进步。

反之，你投入意愿很低的时候，任何事都会对你产生威胁，事事让你感到棘手、头痛，精力与激情也跟着低落，就像必须用双手推动一堵牢固的墙似的，费了好大的劲儿也不能完成一件事情。

激情投入愈强烈，工作变得愈简单，信心跟着大增。因此，同样一件工作，在不同的人看来，会成为不一样的事情。积极投入的人看见的是机会，消极等待的人看见的是障碍。全力以赴、积极投入的人能看见事情的积极面及其有可为之处；消极等待的人却只看见难以克服的困难，很快就气馁灰心。

激情和积极心态以及你成功过程之间的关系，就好像汽油和汽车引擎之间的关系一样：热忱是行动的动力。

对工作充满激情会为你带来许多好处：

（1）增加你思考和想象的强烈程度。

（2）使你获得令人愉悦和具有说服力的说话语气。

（3）使你的工作不再那么辛苦。

（4）使你拥有更吸引人的个性。

（5）使你获得自信。

（6）使你的身心健康。

（7）建立你的个人进取心。

（8）更容易克服身心疲劳。

（9）使他人受到你激情的感染。

当你的意识中充满热忱时，你的潜意识也同时烙着一个印象，即你的强烈欲望和你为达到该欲望所拟定的计划是坚定不移的。

别把你的激情用错了方向，例如，热衷于赌轮盘或赌马，你应该把这种激情用在工作上，如果把所有的激情都用来消遣时，你将不再有多余的激情来实现你的明确目标，而且你很快就会连做一些消遣活动的资源都没有了。

培养工作激情的方法有许多：

（1）制定一个明确目标。

（2）清楚地写下你的目标、达到目标的计划，以及为了达到目标你愿意做的付出。

（3）用强烈欲望作为达到目标的后盾，使欲望变得强烈，让它成为你脑子中最重要的一件事。

（4）立即执行你的计划。

（5）正确而且坚定地照着计划去做。

（6）如果你遭遇到失败，应再仔细地研究一下计划，必要时应加以修改，不要因为失败就变更计划。

（7）与你求助的人结成智囊团。

（8）断绝使你失去愉悦心情以及对你采取反对态度者的关系，务必使自己保持乐观。

（9）切勿在过完一天之后才发现一无所获，你应将激情培养成一种习惯，而习惯需要不断地补给。

（10）保持着无论多么遥远，你必将达到既定目标的态度推销自己，自我暗示是培养热忱的有力力量。

（11）随时保持积极心态，在充满恐惧、嫉妒、贪婪、怀疑、报复、仇恨和拖延的世界里不可能出现激情，它需要积极的思想和行动。

重要的是，你现在已了解你为达到目标所采取的每一个成功步骤，同时也在创造你的激情，了解激情给你带来帮助后，你会更有能力将激情运用到其他你想运用的地方。

激情的力量真的很大，当这股力量被释放出来支持明确目标，并不断用信心补充它的能量时，它便会形成一股不可抗拒的力量，足以克服一切贫穷和不如意。你可以将这股力量传给任何需要它的人,这恐怕是你能够动用热忱所做的最伟大的工作了。激发他人的想象力,激励他们的创造力,帮助他们和无穷智慧发生联系。

培养、展现和分享激情,是成功学背后精神原则的完美表现。当你充满激情完成你的工作时,就是更进一步表明,你已在你的周围创造出成功的意识,而这一成功意识无可避免地会对他人造成更好的影响。你在这个世界上付出的激情愈多,就愈能得到你想得到的东西。

激情的燃料混合了三种成分:愿景、希望与喜悦。它从获得某种渴望的结果的愿景开始,每次开始一项新的计划,无论是做什么工作,心里都应该有某种希望实现的愿景或梦想,热忱这种燃料总是从愿景开始,那就是为什么转化梦想的流程的第一步是清楚而明确地界定你的梦想并且写下来。当时你也许不了解,不过当你把清楚界定的梦想写下来之后,你就得把对那个梦想的激情的第一个成分存放在心中。

构成激情的第二个成分是希望。希望并非只是一种愿望,它不是一种空洞甜蜜的感觉,希望是诚挚期待某个所预期的结果,对这个期待越有信心,或所预见的结果越有可能,希望就越大。把你已经开始的梦想化为具体的目标,把具体的目标化为步骤,把步骤再化为任务,这样会提高你对自己能力的信心,以达成你所预见的结果。这个流程把你对那个愿景或梦想的希望注入你的心中,而希望这个"爆炸性的"成分为一个人的激情增添了真正的动力。

激情的最后一个成分是,当你要达到目标去完成各种任务,以及把梦想转化为事实的时候所经历过的喜悦。当你经历过这种喜悦后,它将进一步增加你对更多成就的激情。这是一种滚雪球效应,更多的成就产生更多的喜悦,更多的喜悦产生更多的激情,更多的激情产生更多的成就,更多的成就又产生更多的喜悦。因此,虽然一开始你的激情、喜悦可能是一个小雪球,但是在滚到山下之后,它将变得巨大无比。所以,转化梦想的流程不只是一个把梦想化为事实的工具,它也是一座"处理厂",它把激情的三种必要成分注入你的心中:愿景、希望与喜悦。

有了激情，没有什么困难不能克服，没有什么险阻不能战胜，激情能把复杂的工作变得简单！

6. 用激情点燃自己的工作

每个人都具备对工作的激情，这种激情也许就在对工作的恐惧背后。激情是实现理想最有效的方式。很难想象，一个没有丝毫激情的人会很好地完成自己的工作。

如果你不能从每天的工作中找到乐趣，仅仅是因为要生存才不得不从事工作，仅仅是为了生存才不得不履行职责，这样的人注定是要失败的。

许多人对工作没有激情，总是把原因归咎于自己的工作缺乏创造性，导致自己缺乏对工作的激情。

其实，缺乏激情的深层原因还在于他们自己的内心深处，有一种对激情的畏惧。

许多人生活在一种被束缚、被阻碍、不好的环境中；生活在足以泯灭热情、丧失志向、分散精力、浪费时间的氛围中。终于，他们的志向会因没有成绩、失望之故而归于湮灭。

许多员工，本来也对工作充满了激情，也有志于表现他们自己，但被过度的胆怯与缺乏自信所束缚、所阻挡，他们凭借内在的力量跃跃欲试，但总害怕失败而不敢行动。

怕别人讥讽和嘲弄，害怕流言蜚语，这种恐惧心理会导致他们不敢做事、不敢冒险、不敢前进。他们等待又等待，希望有一种神秘的力量，可以释放他们，并给予他们以信心与希望。

这种力量就是激情，它需要一个人保持高度的自觉，把全身的每一个细胞都激活起来，完成心中渴望的事情。激情是一种强劲的情绪，一种对人、事、物和信仰的强烈情感。激情甚至可以改变历史，多少伟大的爱情故事、多少历史的巨大变革，莫不与激情息息相关。

对待工作，同样需要注入巨大的激情，只有激情，才能取得工作的最大价值，取得最大的成功。

道格拉斯是一家公司的采购员，他非常勤奋而刻苦地工作，对工作有一种近乎狂热的激情。他所在的部门并不需要特别的专业技术，只要能满足其他部门的需要就可以了。但道格拉斯千方百计设法找到供货最便宜的供应商，买进上百种公司急需的货物。

他兢兢业业地为公司工作，节省了许多资金，这些成绩是大家有目共睹的。在他29岁那年，也就是他被指定采购公司定期使用的约1/3的产品的第一年，他为公司节省的资金已超过80万美元。公司的副总经理知道了这件事后，马上就加了道格拉斯的薪水。道格拉斯在工作上的刻苦努力，博得了高级主管的赏识，使他在36岁时成为这家公司的副总裁，年薪超过10万美元。

对于职场中人来说，当你正确地认识了自身价值和能力及其社会责任时，当你对自己的工作有兴趣，感到个人潜力得到发挥的同时，你就会产生一种肯定性的情感和积极态度，把自觉自愿承担的种种义务看作是应该做的，并产生一种巨大的精神动力，在各种条件比较差的情况下，非但不会放松对自己的要求，反而会更加积极主动地提高自己的各种能力，创造性地完成自己的工作。

一个人工作时，如果能以精益求精的态度，火焰般的激情，充分发挥自己的特长，那么不论做什么样的工作，都不会觉得辛劳。如果我们能以满腔的激情去做最平凡的工作，也能成为最精巧的艺术家；如果以冷淡的态度去做最不平凡的工作，也绝不可能成为艺术家。

还是让我们看看卡通大王迪斯尼是怎样用激情来使自己成功的吧：

年轻时的迪斯尼就梦想着能够制作出吸引人的动画电影来。他以极大的激情投入到工作当中去，为了了解动物的习性，他每周都亲自到动物园去研究动物的动作及叫声，他所制作的动画片中，很多动物的叫声，都是他亲自配的音，包括那位可爱的米老鼠。

有一天，他提出了一个构想，欲将儿童时期母亲所念过的童话故事，改编成彩色电影，那就是"三只小猪与野狼"的故事。

助手们都摇头不赞成，后来只好取消。但是在迪斯尼心中却一直无法忘怀，屡次提出这个构想，都一再地被否决掉。

终于，因为他有着一种无与伦比的工作激情，并且不断地提出，大家才答应姑且一试，但是对它却不抱任何的希望。然而，剧场的工作人员都没有料到，该片竟受到许多人的热烈喜爱。

这实在是空前的大成功。从佐治亚州的棉花田到俄勒冈州的苹果园，它的主题曲立刻风靡全国——"大野狼呀，谁怕他，谁怕他？"

而今，全世界的人大概都知道米老鼠和唐老鸭的故事吧，迪斯尼的成功秘诀就在于激情地工作，激情使他赢得了巨大的成功。

如果一个人鄙视、厌恶自己的工作，那么他必遭失败。

有些工作看起来或许是乏味、单调的，丝毫引不起人们一点的兴趣。还是让我们用激情来改变这一切吧！这就像我们在外面看一座破败的庙宇，台阶上长满了杂草，窗户上落满了灰尘，看起来是如此的单调与凋落。但是，当我们用双手推开门进到里面去的时候，就会看到里面曾经金碧辉煌的一切，让我们付出激情加以整理打扫，那么这座庙宇的里里外外依旧会是那么的灿烂，那么的夺目，到处都那么神圣，那么令人难忘。用激情来点燃自己的工作，即便是最乏味的事情，也会变得富有生趣。

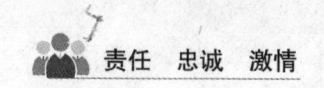

二、全力以赴，你才能笑傲职场

任何时候，我们都要以积极的心态面对工作。当一个员工用积极的心态去对待工作时，他的心理成分处于兴奋活跃状态，智力、体力、能力等就会发挥出超强的活力，成为工作的行为推动力。这样，不管工作遇到多大的困难，他都会在坚持中克服。一个人对待工作是积极的还是消极的，直接影响着工作的质量，所以不要埋怨没有人发现你的才能，只要你在工作中无论有多艰难，都充满激情去工作，你一定会有收获的。

1. 勇于学习，不断超越

生活的目标是没有界限的，唯一的界限是继续前进还是停滞不前。凡在事业上取得成功的人，无不是抱着努力进取和超越的精神，奋力前进的人。

有人认为学习是件浪费时间的事，与其学习还不如踏踏实实地工作，实践出真知，但是，学习可以让我们花很短的时间学到别人用很长时间获得的经验，这就避免了大量的摸索时间。懂得这个道理的人就能较先取得成功。

比尔·盖茨的微软公司在招聘员工时，颇为青睐一种人，就是懂得如何学习的人。这些人并非某一方面的专家，也不是拥有一技之长的能人，而是一个懂得如何学习、积极进取的"学习快手"。他们能在短时间内学习到更多有关工作范围的知识，他们不单纯依赖公司培训就能主动学习，主动提高自身技能。

今天的职场，是一个高度竞争同时也充满机会与挑战的职场。在这个职场中生存发展，必须懂得学习的重要性，只有不断更新知识、提高自己，同时不断提高自己的工作技能，才能保有自己的一席之地。企业也同样如此，市场竞争的激烈要求企业必须注重自身的更新，生产更符合市场需求的产品，不断更新自己的生产工艺，以增加自己竞争的砝码。如果停留在原先的状况原地踏步，不能更新自己的技能，那么就很有可能被市场所淘汰。而企业的发展必须依靠员工的努力，因此，员工自身素质的提高就势在必行。要实现企业的进步，公司员工就必须与公司制订的长期计划保持步调一致，主动学习，主动进取，不断进步。

雅雯在一家外企担任文秘工作，她的日常工作就是重复地整理、撰写和打印一些材料，枯燥而乏味。但是，雅雯还是很认真地对待自己的工作，丝毫没有掉以轻心，也没有觉得这份工作没有任何乐趣和前途。

由于整天接触公司的各种重要文件，她就有意识地关注自己工作以外的事情。后来她发现公司在一些运作方面存在着问题。于是，除了完成每日必须要做的工作，雅雯还开始搜集关于公司操作流程方面的资料，并通过专研学习，做出了一份更加合理完美的操作流程建议提交给了老板。

老板详细地看了一遍这份材料后，对这个建议非常地赞赏，并很快在公司里实行。结果发现，这一流程大大提高了公司的运作效率，同事们对雅雯也是刮目相看。不到一年的时间，雅雯就被任命为老板的助理。

那些善于学习，不断提高工作技能的员工，是最受老板们青睐的。因为这些员工是企业不可或缺的支柱，他们推动着企业的发展进步。因而做一个懂学习，爱学习，善于提高自己的员工是成为优秀员工的前提。

学习的途径很多，你可以向书本学习，也可以向你身边的每一个人学习，包括你的老板、同事、客户甚至你的朋友、家人，只要可以让你学到更多东西，可以让你保持先进，你就可以向任何人学习。"三人行，必有我师"，我们身边有很多比我们优秀的人，他们的经验、能力是我们学习和借鉴的最好样本。

埃里克·霍弗深信："在瞬息万变的世界里，唯有虚心学习的人才能掌握未来。自认为学识广博的人往往只会停滞不前，结果所具备的技能没过多久就成了不合时宜的老古董。"成功是不断学习、不断提升的过程，只有善于学习，才能给自己补充能量，储备知识，从而不断超越。

李嘉诚是一个懂得时刻学习的人，他先前也跟大多数人一样普通平凡，但是他最终成长为世界华人商业领袖，这跟他不断学习的精神是紧密相连的。曾经有记者问李嘉诚："您拥有如此庞大的商业王国，取得如此大的成功，靠的是什么？"李嘉诚坦诚地回答说："靠学习，不断地学习。"不断地学习，不断地获得新的知识，这就是李嘉诚成功的奥秘。在六十多年的商业生涯中，他一直都保持着旺盛的学习欲望，每天晚上睡觉前都要看半个小时的书和杂志，学习知识，了解行情，掌握信息。不断地学习，重视知识，这就是商业巨头的成功秘诀。

不管你有多能干，你曾经把工作完成得多么出色，如果你一味沉溺在对昔日表现的自满当中，学习便会受到阻碍。要是没有终生学习的心态，不断追寻各个领域的新知识以及不断开发自己的创造力，你终将丧失应有的生存能力。因为现在的职场对于缺乏学习意愿的员工很是无情。员工一旦拒绝学习，就会迅速贬值，所谓"不进则退"。转眼之间就被抛在后面，被时代淘汰。所以，不管曾有过怎样的辉煌，你都得对职业生涯的成长不断投注心力去学习、再学习。

皮萨列夫说："知识，只有知识，才能使人成为自由的人和伟大的人。"在当今这个知识经济时代，知识的重要性显而易见。要想有所作为，就必须学习。拥有知识才能大展宏图。相信知识的力量，重视学习的作用，才能采撷硕果，收获属于自己的辉煌。

2. 用高度的职业化对待自己的工作

把工作高度职业化不仅仅是一个概念，更是一种实际行动。当把职业化变成一种理念、一种习惯时，我们就会发现，对工作能不能做到精益求精，关键是要发自内心去追求精益求精的目标，追求完美的结果。

爱好足球的朋友都知道，精彩的比赛需要优秀的高素质的职业球员。因为出色的职业球员不仅表现出良好的竞技水平，而且展现给人们杰出的人格魅力。

作为球迷，可以随便摇旗呐喊，"张牙舞爪"，任意发泄自己的激动、愤怒，甚至叫骂，而球员对于事态的任何过激行为，甚至一口唾沫、一个手势都会受到严厉的制裁，因为那会严重地危害足球的职业化，对于球员来说那样做不仅于事无补，而且还会让人们对他的职业素养产生怀疑。

对于一个职业球员来说，在比赛中不仅要发挥高水平的技术与能力，包括与队员之间的默契配合，更要对比赛过程中无法预料的突发事件表现出高度的理智和冷静，这正是作为一个球员高度职业化的表现。

日常工作中，同样需要每位参与的员工表现出高度的职业化素养，这并非简单地提高工作的熟练化程度，而是体现了一个员工的工作细节。

基拉德·乔斯先生刚刚搬入新居几天，就有人来敲门。他打开房门一看，外面站着一位邮递员。

"早上好！乔斯先生！"邮递员说起话来带着一股兴高采烈的劲头，"我叫泰尔森，是这里的邮递员，我顺道来看看，并向您表示欢迎，同时也希望对您有所了解。"

这个泰尔森中等身材，蓄着一撮小胡子，相貌很普通，但他的真诚和热情却始终溢于言表。乔斯从来没有遇到过如此认真的邮递员，这让乔斯先生既惊讶又温暖。乔斯告诉他，自己是一位销售经理。

"既然是销售经理，那您一定经常出差旅行了？"

"是的，我一年大概有150天到200天出门在外，这是工作需要。"

泰尔森点点头说："既然如此，那您出差不在家的时候，我可以把您的信件和报纸刊物代为保管，打包放好，等您在家的时候，我再送过来。"

泰尔森的周到细致让乔斯很吃惊，不过他对泰尔森说："没有必要那么麻烦，把信放进邮箱里就可以了。"

泰尔森却耐心解释说："乔斯先生，窃贼会经常窥视住户的邮箱，如果发现是满的，就表明主人不在家。我看不如这样，只要邮箱的盖子还能盖上，我就把信件和报刊放到里面，别人就不会看出您不在家。塞不进邮箱的邮件，我就搁在您房门和栅门之间，从外面看不见。如果那里也放满了，我就把其他的留着，等您回来。"

泰尔森的职业精神让乔斯先生非常感动，他甚至怀疑泰尔森究竟是不是美国邮政局的员工。但是，无论如何，他都没有理由不同意泰尔森完美的建议。

三周后，乔斯先生出差回来，刚刚把钥匙插进房门的锁眼，突然发现门口的擦鞋垫不见了。难道连擦鞋垫都有人偷？这不可能。就在他怀疑这些的时候，转头一看，鞋垫跑到门廊的角落里了，下面还遮着什么东西。

原来在乔斯先生出差的时候，联邦快递公司误投了他的一个包裹，给放到了沿街再向前第五家的门廊上。细心的泰尔森发现包裹送错了地方，就把它捡起来，放到乔斯的住处藏好，还在上面留了张纸条，解释事情的来龙去脉，并且拉来擦鞋垫把它遮住，以掩人耳目。

泰尔森已经不仅仅是在送信，他所做的是联邦快递分内应该做好的一切事情！这种从顾客需要出发的贴身服务，完全基于对顾客人性的深刻关怀，并把所有的细节都做得无微不至，实在是一种难得的职业精神。

泰尔森的工作是那样的平凡，可是，他的这种职业精神又是那样高尚，3年来，乔斯一直受惠于泰尔森的杰出服务。一旦信箱里的邮件被塞得乱糟糟，那准是泰尔森没有上班。只要是泰尔森在他服务的邮区里上班，乔斯信箱里的邮件一定是整齐的。

从泰尔森的身上我们看到，高度的职业化是工作的重要前提。在这样的前提下，员工才能够尽心尽力做好本职工作，得到完美的工作结果。

《福布斯》杂志的创始人福布斯曾经说过："做一个一流的卡车司机比做一个二流的经理更为光荣，更有满足感。"

把工作高度职业化就意味着精益求精，就意味着消灭一切可能的缺陷，就是要让挑剔的老板或者主管挑不出工作中的毛病。一个员工不要总是抱怨老板或上司对你的要求过于严格，如果老板能够在你的工作中找到失误，那就证明你还没有做到真正的职业化。

2005年，中国的神舟六号载人宇宙飞船成功飞入太空并安全返回地面，这是中国航天科技发展史上的又一个里程碑。整个载人航天系统极其复杂，要由500多万个零部件组成。即使有99%的精确性，也仍然存在着50000多个可能有缺陷的部件。如何能够达到100%，那就要消灭那50000个可能存在的缺陷。哪怕是99.999%的精确性，还是存在50多个可能的隐患。航天科技就在于一定要做到100%，把一切可能的隐患都估计、预控到，并且确保万无一失。

很多现代企业非常注重市场的品牌效应并努力实施品牌战略。无论是市场知名度，消费者的美誉度，还是顾客忠诚度，都需要员工精益求精的高度职业化精神。瑞士的钟表几乎都是名牌，之所以这样，是几个世纪以来瑞士的钟表匠对精确的迷恋，他们甚至已经不是在制造钟表，而是在创造完美的艺术品。

当一位经销商抱怨奔驰汽车太贵的时候，本茨先生回答说："我们要制造的，本来就不是廉价的汽车，而是世界上质量最好的汽车。"经销商很快就领会了这句话的含义，此后，每当为奔驰汽车做宣传时，他们总是要强调，奔驰是质量的保证。

按照一般的概率统计，如果一部由13000个部件组成的汽车，其精度能够达到 99.999% 的话，那么它第一次发生故障或出现反常情况将可能在 10 年以后。目前，中国大多数的国产汽车都还不能保证 10 年之内不出任何毛病，奔驰汽车就能够保证 20 万公里不动螺丝刀，以正常的每年 2 万公里的汽车行程计，基本上能保证 10 年之内不出任何毛病。这种质量保证就来自奔驰员工精益求精的高度职业化。

任何一家企业要想在竞争中立于不败之地，都必须设法首先使每个员工更加职业化。

一个出色的员工总是把工作高度职业化，唯有如此，才能把工作的结果做得更好，也才能不断进步。相反，不能把工作高度职业化的员工将很难给顾客提供高质量的服务，也就很难保证高质量的工作结果。

3. 把每天都当成上班的第一天

有人说，生命就像一次旅行，在这段旅行中，我们会遇到艰难险阻，会遇到暴风骤雨，会遇到阳光灿烂，会邂逅美丽风景，会遭遇荆棘丛生。但无论如何，只要我们对自己的心灵有约，就会以全身心拥抱生命，即使在平凡或崎岖中蹒跚前行，我们依然对生命充满热情。

很多时候，对于一些刚步入职场的人来说，或者是刚来到一个新环境的工作者而言，一切都是新的，于是会抱着一腔热情，满腹的干劲儿，在心里暗暗发誓要在这块天地里拼出一番大事业。因此，上班的第一天或者开头的几天，工作起来总是激情澎湃，热情高涨。

然而有时，初入职场的人在工作一段时间之后，他发现自己的薪水并没有想象的那么高，这里的工作也没有预期的那么如意，总是时不时地加班却不加薪水，自己的职位也始终没有向上升迁，于是，热情开始消退，工作的信心也渐渐减弱。接下来的状态就是萎靡不振、枯燥乏味、工作懒散、能推就推，每天上班的时候就盼着下班，好像再也找不回工作第一天时的激情。这样的员工势必只能成为职场的过客，很难在职场上立足。

职场的成功，很多时候未必是因为做出了多显赫的贡献，也未必是你做了多少了不起的事，而是把每一天的工作都当成是自己上班第一天，踏踏实实地把事做好。这样，你才不会感到工作的枯燥，才会让你的身体不断注入激情，激发出努力工作的斗志。

在职场中，我们可以看到很多优秀的职场人在各个不同的岗位上，一直保持着激情，把每天的工作当作是第一天工作那样全身心地投入，因此，在一段长长的岁月后，他们用激情的汗水浇灌出了一份骄人的成绩。

廖书文是一名公交司机。1984年年底，18岁的他在四川峨眉服兵役，1986年，他在部队开始学开车。1998年，廖书文转业成为公交集团的一名普通驾驶员，至今已开了22年的公交车。他每天开车的感觉，都像当初第一次开车那样：兴奋却又稳重。

每天早上6点发班，廖书文总是最早到发车场的那一位，检查车辆的刹车、转向、灯光、雨刮，看起来枯燥乏味的检查工作，在廖书文看来，却是他开了22年公交车，22年无事故发生的根本原因。

今年年初，新冠肺炎疫情发生时，廖书文第一个跟路队报名，要求值班在一线，"我可以开自己的线路，也服从调配，反正只要需要，我就上。"于是，那几个月，廖书文每天提着消毒壶、拎着抹布，穿过公交停靠的缝隙，为车辆消毒，为乘客出行保驾护航。

22年如一日的重复，廖书文一直保持着对这份工作的激情。有同事问："廖师傅，你就没有厌烦过这份工作吗？"他回答说："没有！我把自己上班的每一天，都当作1998年第一次开公交车那天看待，有了这份初心，我开车的每一天，都是愉快的。"

由于工作出色，他在不久前重庆公交集团举行的一次评选中，获得首届"公交荣誉职工"称号。

不要把工作看成是一种谋生的手段，而应该把工作当成一种乐趣，这样你才能为工作投入，甚至为它痴迷，这时所有的困难都会变得轻松起来，因为工作已经成为一种快乐和享受。

职场的打拼需要最朴实、最真挚的工作态度。如果你是一名老员工，那么就把每天当成工作的第一天吧，你会谈笑风生，神采奕奕，取得更突出的成就；如果你是职场的新人，那么，就从把每天当成工作第一天开始吧，你会精神抖擞，倾注热情，让你在职场中取得优异的成就！

4. 只为成功找方法，不为失败找借口

美国成功学家格兰特纳说过这样一段话：如果你有自己系鞋带的能力，你就有上天摘星星的机会！一个人对待生活、工作的态度是决定他能否做好事情的关键。很多人在生活中寻找各种各样的借口来为遇到的问题开脱，并养成习惯，这是很危险的。

当人们为不思进取找借口时，往往会这样表白：他们做决定时根本就没征求我的意见，所以这不应当是我的责任；这几天我很忙，我会找时间去做；我从没受过适当的培训来做这项工作；我们从没想过赶上竞争对手，在许多方面人家都超出我们一大截……如果养成了寻找借口的习惯，当遇到困难和挫折时，不是积极地去想办法克服，而是去找各种理由和借口开脱。久而久之，就会形成这样一种局面：每个人都努力寻找借口来掩盖自己的过失，推卸自己本应承担的责任。

具有专业精神的员工从不在工作中寻找借口，他们总是把每一项工作尽力做到完美，而不是寻找各种借口推脱，他们总能出色地完成上级安排的任务，替上级解决问题。他们总是尽全力配合好同事的工作，从不找任何借口推脱或延迟。

无论做什么事情，都要记住自己的责任；无论在什么样的工作岗位，都要对自己的工作负责。做工作就是不找任何借口地去执行。

无论什么工作，都需要这种不找任何借口去执行的人。对员工而言，无论做什么事情，都要记住自己的责任，无论在什么样的工作岗位上，都要对自己的工作负责。不要用任何借口来为自己开脱或搪塞，完美的执行是不需要任何借口的。

失败的借口有很多，成功的原因却只有一个，那就是为达到目标不懈地努力和奋斗。因此，若在今后的工作中出现了问题，我们不要总是千方百计寻找一些主观或客观原因。要知道，当我们为自己的行为找出各种借口时，我们的事业正在遭受无法弥补的损失。

寻找借口意味着对所做事情的拖延和放弃。它会让我们失去别人的信任。在对企业忠诚方面，除了干好自己分内的事情之外，还应该具有对企业发展密切关注的素质，不管领导在不在场，都要对自己的本职工作负责。这样，才算得上一名具有专业精神的员工。

只有在工作中养成良好的习惯，成为一个不为失败找借口的人，成功才会离我们越来越近。首先，要学会服从。接到任务无条件服从，是我们远离任何借口的良好开端。服从意味着放弃个人主义，用企业精神来规范自己的言行，只有怀着对企业的忠诚、敬业，才能让服从成为一种习惯。其次，要立即行动。克服借口带来的拖延恶果，唯一的解决办法就是行动。与其把时间和精力花在找借口上，不如立即采取行动，做到"今日事今日毕，明日事今日思"，最快最好地完成每一项交给自己的任务。最后，要主动承担艰巨的任务。承担艰巨的任务是锻炼自己能力最难得的机会，这不仅需要迎难而上的勇气，还需要我们在学习实践中不断提高自己的学识水平和执行能力。

不要让借口成为你成功路上的绊脚石。搬开那块绊脚石吧！把寻找借口的时间和精力用到努力工作中去，因为工作中没有借口，人生没有借口，失败也没有借口，成功不属于那些寻找借口的人！

不要放弃，不要寻找任何借口为自己开脱，而是寻找解决问题的办法，这是最有效的工作原则。我们都曾经一再看到这类不幸的事实：很多有目标、有理想的人，他们工作，他们奋斗，他们用心去想、去做……

但是由于过程太过艰难,他们越来越倦怠、泄气,终于半途而废。后来发现,如果能再坚持久一点,如果能看得更远一点,他们就会获得成功。

凡是怀着战胜一切困难的决心、抱着一往无前气概的人,不但能引起别人的敬佩,同时也能获得别人的崇拜。因为人们知道,凡持这种态度的人多属胜利者,他的自信一定是意识到他有能力完成自己的事业。

拥有专业精神的员工,能够养成拒绝借口,养成勇于决定的习惯,那么在需要决断时一定能运用最聪明的判断力,而工作也会越来越出色!

5. 面对困难勇往直前,敢于接受挑战

中国有句俗语:"吃得苦中苦,方为人上人。"在工作中,员工面对的每一次困难与挫折都附带着等值好处的种子。困难与结果是一对永远对立的矛盾统一体。

在你面对困难的时候,往往也是你增长见识、增加能力、增长成功几率的良好时机。因为这种困难是达到结果的必经程序,没有这样的困难你就永远不能成功。在某种意义上说,困难往往与机会同在,它会为你带来成功的结果。

正如温斯顿·丘吉尔说过的一句话:"困难就是机遇。"

被人誉为"乐圣"的德国作曲家贝多芬一生遭到数不清的磨难、贫困、失恋甚至耳聋,几乎毁掉了他的事业。贝多芬并未一蹶不振,而是向命运挑战!贝多芬在两耳失聪,生活最悲痛的时候,写出了他最伟大的乐章。

正如他给一位公爵的信中所说:"公爵,你之所以成为公爵,只是由于偶然的出身,而我成为贝多芬,则是靠我自己。"

许多成功的伟人,在困难面前总是愈挫愈勇,不战栗,不退缩,胸膛直挺,意志坚定,敢于蔑视任何厄运,嘲笑任何逆境;因为忧患、困苦不足以损他毫厘,反而会加强他的意志、力量与品格,促使他坚定地向自己

的目标结果进发。

日常工作中，员工也必然会面对一些困难。例如，忽然有一天，老板将一份非常棘手的工作交给你，你会有怎样的感想？你可能会想："老板真是不公平，把这么麻烦的事情交给我，而同事博特却每天清闲自得，他比我拿的薪水还多呢！"也许这样想有你的道理，但是，你不如说服自己说："在老板的心目中，我比博特优秀。即使是老板有意优待博特，那么如果我把问题解决了，老板也会心知肚明的。"如此，你的心态就会非常开阔，你的努力也不会白费。就像当年安德鲁·罗文那样，勇于承担任务，战胜重重困难，最后终于把信送给了加西亚将军。困难承载的机会就是他借此获得的一切，包括财富、荣誉、职位等等。

松下幸之助曾经说："没有永远的失败，只有暂时的困难。失败能提供给你以更聪明的方式获取再次出发的机会。"遇到挫折时，记住，只要你积极面对，那只是黎明前的黑夜。

"失败乃成功之母。"这充分地说明了在追求成功结果的路上，失败几乎是在所难免的。有一位社会学者说："我对古今中外的科学家做了充分的探讨，任何一项科研项目的成功都不是一次实验就成功，其间都经历了曲折与坎坷。"

日本本田公司在全世界都有口皆碑，但是，人们对其创始人本田宗一郎的了解也许不是很多。本田宗一郎出生在一个贫困家庭里。这个穷学生从来就不喜欢学校的正规教育，反而对机械研究情有独钟。可是，一个文化教育程度不高的人，想要制造摩托车、汽车，又谈何容易呢？在本田的一生中，曾经失败过多少次连他自己都不清楚，但是本田能够记得清楚的是，他每次总是要仔细地探讨失败。

本田说："每次失败后，我都要灰心丧气地消沉几天，但是几天过后，我又变得精神抖擞起来。我开始对前几天的失败进行思考，找出失败的真正原因，然后再提醒自己该从什么地方入手，避免失败。"

本田的技术一天天地突破，后来他的公司也在一天天壮大，在短短的几年内就成功打败了几百个竞争对手，立足于摩托车和汽车行业，并且取得了举世瞩目的成就。本田在回忆总结自己的成功经验时，说出了令很多人惊讶的话，他说："感谢失败！我成功的经验完全来自失败。"本田大胆地承认，自己的成功秘诀全来自于自己对挫折失败的反省。

在本田公司，如果有失败产生，一定会将这次失败作为公司的重点探讨专案。公司董事会要针对这次失败仔细探讨，然后将探讨结果向整个公司的每个成员发布。这样的管理方式与模式，在全世界的知名企业里也是很独特的。

由此可见，本田宗一郎今天的结果几乎是必然的。

征服困难，跨越失败，获得结果，其实并不是什么难事。功夫不负有心人，只要我们及时发现错误，主动面对失败，积极探讨失败，并找到真正的失败原因，及时加以改正，就一定会获得成功。

事实上，工作中大大小小的困难构成每个员工工作的全部，但它同时会给你带来宝贵的阅历。在每次解决困难和问题的过程中，总结、吸取经验教训，会使你的能力有所提高，在困难中得到历练，业务得以精湛，从而在工作中游刃有余，挥洒自如。

有句话说得好："苦藤结瓜瓜儿甜。"每一个员工在追求结果的工作过程中，难免会失败受挫。每当这时，我们应该相信风雨过后，就是美丽的彩虹，做到不怕苦，不畏难，迎难而上，勇敢地接受挑战，克服困难，获得成功。

6. 拒绝拖延，不要把今天的事留到明天

一生之中，每个人都有种种憧憬，各种理想和计划，假使能够将一切的计划都执行，那我们的人生将变得意义非凡，会与成功同行。而之所以

不成功，就是我们对于心中的憧憬、理想和计划不能去立即执行，最终在拖延之中留下无限的唏嘘和遗憾，甚至会酿成悲惨的结局。

驻扎在特伦顿的雇佣军总指挥拉尔总督正在玩纸牌，忽然有人递来一个报告，内容是说华盛顿的军队正在穿越德勒华，要向他所在的地方发动进攻。拉尔总督看都不看便将报告塞入袋中，直到牌局完毕他才展开阅读。虽然他立刻调集部下出发应战，但时间已经太迟了，结果是全军被俘，自己也因此战死。仅仅是几分钟的延迟，便使他丧失了尊荣与生命。

可见，拖泥带水、缺乏果断不仅难以成事，甚至会造成恶果。"明日复明日，明日何其多！我生待明日，万事成蹉跎。"这是古人对拖延时间的人的忠告。

著名作家玛丽亚·埃奇沃斯（Marie Edgeworth）对于"从今天做起"而不是"从明天开始"的重要性有着深刻的见解。她在自己的作品中写道："如果不趁着一股新鲜劲儿，今天就执行自己的想法，那么，明天也不可能有机会将它们付诸实践；它们或者在你的忙忙碌碌中消散、消失和消亡，或者陷入和迷失在好逸恶劳的泥沼之中。"

如果你总是把问题留到明天，那么，明天就是你的失败之日。同样，如果你计划一切从明天开始，你也将失去成为行动者的所有机会，明天，只是你愚弄自己的借口罢了。

李嘉诚也曾说："机会不会坐着等你，奢望机会可轻易到手，是绝不可能发生的事情。"因此，对命运赋予的良机，只有那些善于果敢行事不拖泥带水的人才会取得成功，才可能把机会所蕴含的价值发挥到最大限度。

依文斯生长在一个贫苦的家庭里，起先靠卖报来赚钱，然后在一家杂货店当店员。

八年之后，他才鼓起勇气开始自己的事业。然后，厄运降临了——他

责任 忠诚 激情

替一个朋友背负了一张面额很大的支票,而那个朋友破产了。祸不单行,不久,那家存着他全部财产的大银行垮了,他不但损失了所有的钱,还负债近两万美元。

他经受不住这样的打击,绝望极了,并开始生起奇怪的病来:有一天,他走在路上的时候,昏倒在路边,以后就再也不能走路了。最后医生告诉他,他的生命只有两个星期的时间了。

想着只有十几天好活了,他突然感觉到了生命是那么的宝贵。于是,他放松了下来,好好把握着自己的每一天。

奇迹出现了。两个星期后依文斯并没有死,六个星期以后,他又能回去工作了。经过这场生死的考验,他明白了自寻烦恼是无济于事的,对一个人来说最重要的就是要把握住现在。他以前一年曾赚过两万美元,可是现在能找到一个礼拜三十美元的工作,就已经很高兴。正是有这种心态,依文斯的进展非常快。

不到几年,他已是依文斯工业公司的董事长了,而且在美国华尔街的股票市场交易所,依文斯工业公司是一家保持了长久生命力的公司。正是因为学会了只生活在今天的道理,依文斯取得了人生的胜利。只有好好地把握住今天,才能创造美好的明天。

Atari 公司的创始人,电子游戏之父诺兰·布歇尔(Nolan Bushell)在被问及企业家的成功之道时,这样回答:"关键在于抛开自己的懒惰,去做点什么,就这么简单。很多人都有很好的想法,但是只有很少的人会即刻着手付诸实践。不是明天,不是下星期,就在今天。真正的企业家是一位行动者,而不是什么空想家。"

不少人都习惯于做事往后拖延一步,总愿意在行动之前先要让自己先享受一下安逸。只是在休息之后又想继续享受,这样直到期限已满行动也还未开始。事实就是,拖延直接导致行动的失败。

俄国著名作家列夫·托尔斯泰说:记住,只有一个时间最重要,那就是现在!它之所以重要,就是因为它是我们唯一有所作为的时间。

确实，成功者都知道"今天"意味着什么。俄国作家赫尔岑认为：时间没有"过去"和"将来"，只有"今天"才是现实存在的时间，才是实实在在的，最有价值和最需要人们利用的时间。

昨天属于死神，明天属于上帝，唯有今天属于我们，只有好好地把握住今天，我们才能充分占有和利用好每一个今天，才能挣脱昨天的痛苦和失败，创造美好的明天。

我们应该清楚地认识到，生命是一个过程，每一天、每一年，都是岁月的篇章，岁月的日历翻过去，就会成为记忆中的永恒，一去不再回头。生命不会给我们任何承诺，重要的是我们对于生命中的每一天，如何牢牢把握。正如一位哲学家所说："昨天是一张过期的支票。明天是一张尚未兑现的期票。今天是可以流通的现金，好好运用它吧！"

身在职场的员工，必须明白，老板最看重的是那些拒绝拖延、行动务实的人，这对你在工作中脱颖而出有着重要的影响，有了这种好的工作习惯，你便离成功又近了一步。

三、不断进取,争做一流员工

敢不敢超越别人,成为时代的弄潮儿,勇立潮头;敢不敢超越自我、战胜自我,首先要有敢于超越自我的勇气与决心,敢于超越群山的障碍,敢于胸怀全局,千方百计站在制高点上,这样才能不断发展进步。超越别人,需要勇气和智慧,而超越自我则更是一种精神境界,要与时俱进,敢于突破,要有敢于争创一流的气质和品格。没有最好,只有更好;没有结局,只有过程;没有终点,只有起点。逆水行舟,不进则退,想停留在既往的"光荣历史"上,则很快就会变为明日黄花,被历史无情地抛弃。超越自我,要求我们必须确立远大的目标。永远进取,不断超越自我,战胜自我,那我们将立于不败之地。

1. 成功的职场,属于勇于开拓的人

勇于向极限挑战的精神,是获得成功的基础。职场之中,很多人如你一样,虽然颇有才学,具备种种获得老板赏识的能力,但是却有个致命弱点:缺乏挑战极限的勇气,只愿做职场中谨小慎微的"安全专家"。对不时出现的那些异常困难工作,因觉得不能做好而不敢主动"发起进攻",一躲再躲,恨不能避到天涯海角。结果,终其一生,也只能从事一些平庸的工作。

在你的职场生涯中,最大的障碍是什么?不是虎视眈眈的竞争者,也

不是嫉贤妒能的昏庸老板，最大的障碍是你自己！是你面对"不可能完成"的高难度工作，心中也认为自己不可能完成的消极心态。

西方有句名言："一个人的思想决定一个人的命运。"不敢向高难度的工作挑战，是对自己潜能的画地为牢，只能使自己无限的潜能化为有限的成就。与此同时，无知的认识会将人的天赋减弱，因为懦夫一样的所作所为，不配拥有这样的能力。

"职场勇士"与"职场懦夫"，在老板心目中的地位有天壤之别，根本无法并驾齐驱，相提并论。一位老板描述自己心目中的理想员工时说："我们所急需的人才，是有奋斗进取精神，勇于向'不可能完成'的工作挑战的人。"勇于向"不可能完成"的工作挑战的员工，犹如稀有动物一样，始终供不应求，是人才市场上的"抢手货"。

举重项目之一的挺举，有一种"500磅（约227公斤）瓶颈"的说法，也就是说，以人体的体力极限而言，500磅是很难超越的瓶颈。499磅的纪录保持者巴雷里，比赛时所用的杠铃，由于工作人员的失误，实际上超过了500磅。这个消息发布之后，世界上有六位举重好手在一瞬间就举起了一直未能突破的500磅杠铃。

有一位撑竿跳的选手，一直苦练都无法越过某一个高度，他失望地对教练说："我实在是跳不过去。"

教练问："你心里在想什么？"

他说："我一冲到起跳线时，看到那个高度，就觉得跳不过去。"

教练告诉他："你一定可以跳过去。你的心跳过去了，你的身子也一定会跟着过去。"

他撑起竿又跳了一次，果然跃过了。

心，可以超越困难，可以突破阻挠；心，可以粉碎障碍；心，终将会达成你的期望。

在如此失衡的市场环境中，如果你是一个"安全专家"，不敢向自己的极限挑战，那么，在与"职场勇士"的竞争中，永远不要奢望得到老板的垂青。当你万分羡慕那些有着杰出表现的同事，羡慕他们深得老板器重并被委以重任时，那么，你一定要明白，他们的成功绝不是偶然的。

如同禾苗的茁壮成长必须有种子的发芽一样，他们之所以成功，得到老板青睐，很大程度上取决于他们勇于挑战"不可能完成"的工作。在复杂的职场中，正是秉持这一原则，他们磨砺生存的利器，不断力争上游，才能脱颖而出。

职场之中，渴望成功，渴望与老板走得近一些，再近一些，是多数员工的心声。如果你也在其列，那么当一件人人看似"不可能完成"的艰难工作摆在你面前时，不要抱着"避之唯恐不及"的态度，更不要花过多的时间去设想最糟糕的结局，不断重复"根本不能完成"的念头——这等于在预演失败。就像一个高尔夫球员，不停地嘱咐自己"不要把球击入水中"时，他脑子里将出现球掉进水中的影像。试想，在这种心理状态下，打出的球会往哪里飞呢？

让周围的人和老板都知道，你是一个意志坚定、富有挑战力、做事敏捷的好员工。这样一来，你就无须再愁得不到老板的认同了。

勇于突破自我的束缚，表现在工作上，就是要敢于向"不可能完成"的任务挑战！

对不时出现的那些异常困难的工作，不敢主动"发起进攻"，甚至认为：要想保住工作，就要保持熟悉的一切，对于那些颇有难度的事情，还是躲远一些好，否则，就有可能被撞得头破血流。

当然，在灌注信心的同时，你必须了解这些工作为什么被誉为"不可能完成"，针对工作中的种种"不可能"，看看自己是否具有一定的挑战力，如果没有，先把自身功夫做足做硬，"有了金刚钻，再揽瓷器活儿"。须知道，挑战"不可能完成"的工作常有两种结果，成功或失败。而你的挑战力往往使两者只有一线之差，不可不慎。

但换言之，如果你对自己的挑战力判断有误，挑战之后让"不可能完成"变成现实,也千万不要沮丧失望。聪明、成熟的老板,一定不会只看结果是成功还是失败了,他决定你是否应该受到器重,还会观察你敢于挑战的工作态度和头脑的运用。他比任何人都明白,没有一种挑战会有马到成功的必然性。所以,你依然是老板喜爱的"职场勇士",同时,你所经历的、所得到的,都是胆怯观望者们永远都没有机会触摸的——因为他们根本就不敢尝试。

要想从根本上克服这种无知的障碍,走出"不可能"这一自我否定的阴影,跻身老板认可之列,你必须有充分的自信。相信自己,用信心支撑自己完成这个在别人眼中不可能完成的工作。

2. 自我革新,不要扼杀进取精神

在这个日新月异竞争激烈的时代,你会常常发现自己原有的知识很快变得过时和陈旧,接着发现这直接影响到就业和生存。所以我们都必须时时重新调整和革新自己,以适应社会的需要。

事物的发展是经过否定实现的。事物的运动变化和发展是"外在否定"和"内在否定"协同促成的结果,是自我完善、自我发展的运动过程。客观事物的复杂性,人们认识能力的有限性,决定了人类实践只能是接近真理的过程。昨天正确的东西,今天不见得正确,上一次成功的路径和方法,可能会成为下一次失败的原因。不论组织还是个人,不犯错误都是美好的愿望,犯错误才是客观的现实。

人们认识自我就已经很困难,而不断地否定自我则难上加难。否定自我需要胸襟、需要坦诚、需要胆识,需要不断地学习提高。

工作经验的确是一笔财富,却不是绝对的不可推翻。有时候就是由于经验的指引而让你和成功背道而驰,因为在不同的情况下,经验所发挥的作用是不一样的。在进行一个常规的、不能变更的操作时,经验就是最好的老师，它往往让你能快速、出色地完成任务。但是，在技术陈旧需要更新的时候，经验的作用就显得要小一些，当在进行一项全新的创新时，经验起的作用就会更小，这种时候，要注意的就是不能被经验牵着走。既然是创新，就是要有更新的东西来填补或者是取代前者，这种东西往往是需要突破思维的。

部门经理威廉请求董事长给他一个面谈的机会。董事长立即腾出了时间见他。并且，在面谈时，没让他的秘书出席。

威廉牢骚满腹，想要倾吐一下心中积怨。"当你将你的心腹提升为工厂的厂长时，为何不把我提升为你的助手呢？"他很想知道。"他的年资没有我长，却获得了这份工作。我的十年工作经验只相当于他的五年而已。"

"你从未参加过公司提供的长达数小时的主管进修课程，其中包括一些在当地大学所开的免费夜间课程。而他则抓住每一次机会。"

"但是我曾经获得了不少经验。"威廉提出了异议，"十年多了，对于我的工作我了如指掌。他曾经犯过愚蠢的大错，但我从来没有。"

"或许那就是你所犯下的大错，威廉。"董事长打断了他说，"当然，我曾经让他尝试过许多他的构想，即使好几次我都怀疑他想要做的是否能完成。他曾经遭遇一些艰苦的危机，这一点我承认。但是我宁愿降低一匹快马的速度，也不愿意设法使一匹慢马加速。"

接着，董事长结束了谈话："你从没获得过十年的经验，威廉。"他以柔和的语气说道，"你有的也只是一年的经验，你只是做类似事情十次罢了。"

以为自己经验丰富，不会出错，所以就故步自封不求上进，这是很多老员工不能进步的重要原因之一。经验固然很重要，但时代在变，你工作的环境在变，资源在变，你的工作方式当然也要跟着改变。在 E-mail 漫天飞的时代，你跟客户联系还用纸质的信吗？你能熟练地享受电脑办公给你带来的便利吗？

有这样一句话：我们不是缺乏机会，而是缺乏在机会面前把自己归零的勇气。这句话正是说明，人的难能可贵之处在于否定自己，只有否定自己已经取得的成就，不沉醉于过去所取得的一点成就，不固守以往的经验，才会有所突破，在原来的基础上做得更好。每一个成功的人都是勇于否定自己的人，他们不会被自己已经取得的成就迷惑，而是在不断地自我否定中寻求更大的成功。

不断否定自己，就是一个创新的过程，只有不断创新，想到别人想不到的，做到别人还没有做到的事情，才能保证自己有更多的机会，才能让自己处于不败之地。

很多时候，那些我们自豪的优势，那些被我们视为理所当然的思想、习惯、行为、方式，或许早已成为阻碍我们前进步伐的陈规陋习。想想看，有多少你每天在做的事情是已经在今日的商业社会中失去意义的——哪些类型的报表、什么内容的会议、什么不合时宜的礼仪，以及哪些做事的方法或手段有待改进……

3. 不断充电，才会快速超越自我

每个人都一样，要想不断超越自我，就要不断吸收新的思想。在工作中，当你意识到要生存就得不断充电时，不要再拿没有时间做借口。

"每天我都那么忙，哪有时间去充电。"现代人忙，这的确是一个非常合理的理由，但不排除有时候是在瞎忙。你有工作安排的日程表吗？你有自己的职业生涯规划吗？你有充电的学习计划吗？

我们都知道，要使手机正常使用，电池提供充足的能源是必不可少的条件之一。不难看到，现在不少手机会人性化地提示："你的电量不足，请及时充电。"其实，对于职场人来说，同样需要不断充电。

我们有理由相信，不少人平时工作充实、生活富足，有些东西却往往是"三缺一",即缺少充电的计划。就算有,你认真执行了吗?你落实到每分每秒了吗?三分钟热度,朝令夕改,最大的悲哀莫过于前功尽弃。"创业难,守业更难",多一点忧患意识,我们才能与时俱进。

职场如战场,想掂量一下自己的斤两,到人才市场去试一试吧,现在的流水线工人都需要一技之长了。自己在学校学的基础知识,在工作中积累的几年经验,也许在竞争对手面前早已经不堪一击。

对于我们大部分人来说,在一种岗位工作了几年后,对工作的新鲜感、好奇心随着时间的推移被磨砺得荡然无存,每日的工作只是循规蹈矩地重复,大多数人都会不可避免地进入职业疲怠期。这时很多人都将面临一个痛苦的抉择,是继续,还是放弃。

在激烈的职场竞争中,停下就意味着被超越。如何保持一种优势呢?充电成为必然。人人都应该自觉不断地充电,这个社会的动能必然强大。知识的快速更新加大了人们的学习负担,要生存就得不断充电。

同时,这种生存竞争也是技术进步的推动力。人人的动能都处于饱和状态,科技就会飞跃,科技的飞跃又促进了这种竞争。在知识爆炸的时代,世界上每日每时都有新知识产生,前几年是尖端的东西,转眼间就会成为明日黄花。就比如计算机技术,芯片更新速度十几个月一倍,相应的硬软件技术也日新月异。你如果还是前几年的水平,当然不够用,跟不上趟。即使你不去读博士,也得进短训班,要想保住饭碗,就必须不断充电,光靠原有的旧知识坐吃山空根本不行。

因此,读书学习也是谋生的一部分,是生存发展的需要,是一种必需的消费,也是一种个人投资。据说美国学生交的学费,每年就达1000多亿美元。

高科技人才是这样,做一般技术工作的,如公司里那些分管打字收发的秘书也是这样。因为科技的发展进步、技术的更新像链条一样,是互相牵动的,哪一个环节落后都不行。

现实就是这么残酷,要想自己的位置不被别人取代,我们就要时刻不忘充电。既要不断读书学习,也要善于从身边的人身上发现闪光点,提升自我。

日本"经营之神"松下幸之助年轻时在一家电器店当学徒,跟他一同进入这家电器店的还有两名学徒。起初,他们三人的薪水很低,那两名学徒因此常常心生不满,做事也不认真,工作日渐马虎起来。

松下跟他们不一样,他觉得既然来到电器店,就应该好好珍惜这难得的学习机会。为了早日掌握各种电器的使用及要领,他每天都比别人晚下班,利用这些时间阅读各种电子产品的说明书。此外他还利用空闲时间参加了电器修理培训班,想通过努力学习让自己成为这方面的行家。虽然他的两个同事因此总是嘲笑他,却丝毫没有动摇他的决心。

工夫不负有心人,通过不懈的努力,松下从一个学徒变成了一个能够给顾客讲解各种电器知识的专家,并且还可以自己动手修理与设计电器。店主很欣赏松下的这种学习精神,于是非常器重他,不久便将他由一个学徒工转为正式员工,并且将店里的很多事情交给他处理,这大大地锻炼了松下的能力,为他以后的创业打下了良好的基础。而他那两个不求进步的同事最后的结果可想而知,当然是一辈子默默无闻。

鲁迅先生早就说过,时间就像海绵里的水,只要肯挤,总是有的。让我们在百忙中都抽出一点时间去充电吧。不断地学习充电,自然可以让你的工作做得更为出色,成为业界行家。而年轻的时候不去学习,有空的时候不去充电,等到我们头脑精力不足的时候再想努力,也许一切都已经太迟了。

4. 注入创新,增强自身竞争力

创新是一个永远不老的话题,创新并不是少数几个天才的专利,每个人都能创新。在细节中创新,就是要敏锐地发现人们没有注意到或未重视的某个领域中的空白、冷门或薄弱环节，改变思维定式，最终将你带入一个全新的境界。

当把正确的创新意识注入自己的工作中时，你就能极大程度地提高工作能力，突破制约你成功的瓶颈，那么，飞上枝头变凤凰只是时间的问题。

创新是一个企业发展的动力，也是一个员工增强自身竞争力的有效途径。

有创新才能有发展。一个职场中的优秀员工必定是做事高效的员工，因为只有高效才能让员工业绩突出，得到老板的赏识。要想高效率做事，员工就必须具备一定的创新能力。而一次、两次的灵光一现，并不能让你真正具备过人一等的资本，只有坚持长期创新，不断创新，才能在工作中不断提高，超越别人，也超越自己。把创新当成一种习惯，你就是老板需要的那个人。

创新需要时时进行，如果能在刚工作时就展现出这方面的能力，那你就能很快从一大堆新人中脱颖而出，领先一步。创新是成功的源泉和牵引力，创新就是摒弃旧的过时的即将遭淘汰的方法，去挖掘一种新方法。无数成功的例子告诉我们，创新是成功的必备要素。

所以，创新是更新的最高境界。你要想在现代职场上成为一个杰出的人，在激烈的竞争中立于不败之地，就要培养和发展自己的创新精神，优秀员工一定要在创新上自我修炼。

小伙子麦克是一家洗衣店的员工，一个有着创新精神的年轻人。他一直在思考怎样才能增加人们洗衣的次数。他知道很多洗衣店都要在每一件烫好的衬衣领子上加上一张硬纸板，以防止其变形。于是，麦克便想："我能不能对这张三角纸板进行改进，以使其更具价值呢？"

一天，他突然有了一个灵感，即在纸卡的正面印上彩色或黑色的广告，背面则加入一些别的东西：如孩子们的拼图游戏、家庭主妇的美味食谱或全家可在一起玩的游戏等等。麦克把他的想法告诉了老板，老板高兴地接受了他的建议,并立即采取了行动。有些家庭主妇为了搜集麦克的食谱,把原本可以再穿的衬衣也送来烫洗。此举不仅使洗衣店赚到了一笔不小的广告费,而且也为洗衣店带来了巨大的经济效益。麦克的创新之举,不仅使他的业务量大升,他本人也因此而被老板提拔为助理。

在工作中,许多员工抱着坚守岗位的态度,一切因循守旧,缺少创新精神,认为创新是老板的事,与己无关,自己只要把分内的工作做妥即可,舍此无他。

这种思想实在要不得。要知道,谁也不比谁强,谁也不比谁差,你所拥有的,别人同样也拥有。如何能够突围而出,高人一筹?

正如杰克·韦尔奇所说的:"我们每个人都有可能成为创新的人,关键是看我们有没有创新的勇气和能力,能否掌握创新的思维方法和运用创新的基本技巧。"其实,创新并不是高不可攀的事,每个人都有某种创新的能力。但问题是有没有发挥你的创新能力。职场中的许多人养成了一种惰性,每天只是重复性地完成工作,根本不去想创新的事。他们一切都按固定的模式去做,结果做来做去,始终平平庸庸,没有丝毫的改变和进步,这样的人何谈竞争力?

创新行为不仅对公司有利,也对员工本人的形象、声誉、能力和前途有利。无论创新的意念是否被老板接纳,进行得是否顺利,都能显示出你对公司的热诚和责任感。

成败得失并非关键,重要的是那份勇于尝试的精神,能够有助于你获得老板的认同。

纵观事业上取得成功的员工,他们一般都不是那种从常规角度考虑问题的人,而是能够在创新的立场上考虑各种问题的人。

创新可以使员工摆脱本行业的条条框框,接受其他领域中的优秀思想。当你尝试从不同的角度看事物时,创新的智慧会让你得出独到的见解,再加上进一步的整理和分析,必然令老板大为信服。

作为一种必备的技能,创新素质无疑是可以塑造和雕琢的。对人们创新思维的形成和发展，现代心理学家做过许多实验，从实验的结果看，先天的智力和知识积累，丰富的社会实践以及科学的训练方法是主要因素。

（1）创新需要知识的积累和智慧的开发。在进行任何一项创新之前，你的头脑中总要有一些预备性的知识，把这些知识作为铺垫或者跳板，然后才能构想出改进或解决问题的新方法，所以你所掌握的知识往往决定了你的创新水平。

（2）创新需要善于观察和实践。拥有知识固然重要，但间接知识往往不如直接的经验立竿见影。而且，书本知识有时也会成为阻碍创新的因素。因为创新往往是对旧有事物和旧有格局的否定，是对潜在力量的挖掘，所以就不能离开坚持不懈的观察和实践。换言之，创新往往在观察与实践中得到突破。

（3）创新需要训练。创新既然属于一种思维和心理领域的内容，那么它肯定可以而且必须经过训练。盲目的创新不但无助于你的工作，反而会给你的工作带来不应有的损失。

如果试着按照上面三点去做，你将会慢慢修炼起创新的精神，养成创新的习惯，那你在工作中将会显得与众不同，必将脱颖而出，为公司创造较大的效益，你也不会受到裁员的侵扰。

是啊，哪个老板愿意裁掉具有创新能力、不断为公司创造最大效益的员工呢？

5. 超越他人，更要超越自己

即使你现在已经取得了不错的成绩，也不要自满，只有更进一步，才能达到工作的更高境界。

工作中，只有那些不满足于现在的成绩和地位，只有不断超越，不断地在工作中追求卓越的人，才会取得成功，这也是新时代的员工最起码的工作作风。一个企业要想做大、做强，就要不停地超越，超越他人，更要超越自己。

对于一个员工来说，只有不停地进步，不断地超越，才是生存下去的坚实基础。一个员工要想在激烈的竞争中脱颖而出，就要不停地超越自己，让自己做到更好、更强，这才是职业发展的最佳保障。

没有人天生是赢家。财富、成功和幸福的获得是长久努力的结果，而不是单靠运气。

成功不在虚无缥缈间，它在持续不懈、辛勤、日复一日的努力后面。要成功必须准备周详、自律严谨、勤奋工作、鼓足勇气、坚持不懈，并且充满信心，善用自己的才能。

每天在工作上，我们都要用我们的能力去应付难题，或与别人一较高低，倾其全力，锻炼自己的意志、头脑和体力。在完成任务后或处理困难局面的过程中，我们的心智亦日趋成熟，可以担当更艰巨的任务或更重大的责任。

因此，不论做什么事，担任什么职位，都要全力以赴，不要辜负了你的才能。

世界上没有任何工作是卑微到不值得好好去做的。演艺圈里流传的一句话"没有小角色，只有小演员"，就很好地说明了这个道理。

"青，取之于蓝而青于蓝；冰，水为之而寒于水。"虽然我们今天的工作源于昨天的基础，但却可以让它比昨天更好、更出色。工作需要我们不断地超越过去，只有用这一理念要求自己，让自己不仅要努力做到，更重要的是要努力做好，能做到多好就做到多好，才能让工作达到完美的境界。如果一个员工能够每天都用这个标准要求自己，每天都让自己比昨天更好一些，更进步一些；如果能够在工作中做取之于蓝的"青"，做寒于水的"冰"；如果能够事事有进步，就会天天有进步，那么他就会向成功更靠近一步。

胡适先生曾写过一篇文章，名为《差不多先生传》，文章的大致内容是这样的：

责任　忠诚　激情

　　你知道中国最有名的人是谁？提起此人可谓无人不知，他姓差，名不多，是各省各县各村人氏。你一定见过他，也一定听别人谈起过他。差不多先生的名字天天挂在大家的口头上。

　　差不多先生的相貌和你我都差不多。他有一双眼睛，但看得不很清楚；有两只耳朵，但听得不很分明；有鼻子和嘴，但他对于气味和口味都不很讲究；他的脑子也不小，但他的记性却不很精明，他的思想也不很细密。

　　他常常说："凡事只要差不多就好了，何必太仔细呢？"他小的时候，妈妈叫他去买红糖，他却买了白糖回来，妈妈骂他，他摇摇头道："红糖白糖不是差不多吗？"

　　他在学堂的时候，先生问他："直隶省的西边是哪一个省？"他说是陕西。先生说："错了。是山西，不是陕西。"他说："陕西同山西不是差不多吗？"

　　后来他在一个钱铺里做伙计，他也会写，也会算，只是总不精细，十字常常写成千字，千字常常写成十字。掌柜的生气了，常常骂他，他只是笑嘻嘻地说："千字比十字只多一小撇，不是差不多吗？"

　　有一天，他为了一件要紧的事，要搭火车到上海去。他从从容容地走到火车站，结果迟了两分钟。火车已在两分钟前开走了。他白瞪着眼，望着远远的火车上的煤烟，摇摇头道："只好明天再走了，今天走同明天走，也还差不多。可是火车公司，未免也太认真了，8点30分开同8点32分开，不是差不多吗？"他一面说，一面慢慢地走回家，心里总不很明白为什么火车不肯等他两分钟。

　　有一天，他忽然得一急病，赶快叫家人去请东街的汪大夫。家人急急忙忙地跑去，一时寻不着东街汪大夫，却把西街的牛医王大夫请来了。差不多先生病在床上，知道寻错了人，但病急了，身上痛苦，心里焦急，等不得了，心里想道："好在王大夫同汪大夫也差不多，让他试试看吧。"于是这位牛医王大夫走近床前，用医牛的法子给差不多先生治病。没用上一刻钟，差不多先生就一命呜呼了。

差不多先生差不多要死的时候，一口气断断续续地说道："活人同死人也差……差……差……不多……凡是只要……差……差……不多……就……好了……何……何……必……太……太认真呢？"他说完这句格言，方才绝气。

每个人都拥有难以估量的潜能，万事差不多就行，等于辜负了自己的潜能。换句话说，只有以完美主义的态度投入工作，才能把自己潜在的聪明才智最大限度发挥出来。然而，有些人本来就有出色的能力，却因为不具备尽职尽责的精神，在工作中经常出现疏漏，结果让自己逐渐平庸下去。因此，要想成功，就应该想尽一切办法把自己的工作尽可能做到完美。

工作中，将那些寻常的细微工作认真地做好，才有可能使人渐渐地走上重要的岗位并创造出更大的财富。日常奉献出来的认真和勤奋，可以使我们进入上升之门。工作时，只有做得比一般人更好、更敏捷、更精确、更有效率，你才能获得不断的发展和进步。

不要甘当"差不多"，工作应全力以赴，是优秀员工必备的品格；只有不懈地努力，才有可能达到预期的彼岸，摘取成功的花朵。

6. 挑战工作压力，就能获得动力

每一位老板心目中的理想员工都是有奋斗进取精神、迎着工作压力勇于向高难度工作挑战的人。而能够正确面对压力，通过积极的努力，化压力为动力，最终出色完成任务的员工，将会在同事中脱颖而出，得到企业和社会的高度认可。

在工作中经常会遇到这种情形：你的工作堆积如山，压得你喘不过气来，不知从何入手，而这时老板却偏偏又给你布置下来新的任务。假如这样的话，你千万不要有任何怨言，或表现出不耐烦的情绪，不然很可能会让老板认为你没有能力，或缺乏工作热情。

你应该把老板交给你的重任，看作是老板对你的信任，如果这时贸然拒绝，会影响你在老板心目中的地位。仔细想一想，能有一大堆工作去做，说明你的能力极强，你只要耐心地有计划、有步骤地把每件事情做好，就一定会取得令你意想不到的好结果。

同样，当老板交代的任务确实有难度，其他同事畏缩不前时，你要有勇气出来承担，关键时刻显示你的胆略、勇气及能力。这样才能令老板对你另眼相看，为自己以后的发展打下基础。

信念是抽象的，我们无从看见，而信念的回报是现实的，我们可以清晰地看到。你若想出色地完成本职工作，就必须给自己一个强烈的信念。一旦它在你的心中树立起来，就会激发你各方面的力量，使你勇敢地面对一切工作中的困难和障碍。

不管你接受的工作多么艰巨，千万别表现出你做不了或不知从何入手的样子。惊惶失措是职场中最忌讳的，沉着镇静、处变不惊的人，才是职场最终的胜利者。

老板都欣赏临危不乱的职员，因为唯有这种员工才有能力乘风破浪、独挑大梁。如果你有天塌下来都不怕的信心，那么出人头地必然指日可待。

职业生涯中，要成功需要具备两个重要条件：坚决和忍耐。许多人失败，都是因为他们没有恒心和忍耐力，没有不屈不挠、百折不回的精神。

一个意志坚决的人有时也会碰到艰难困苦，但他绝不会因此一蹶不振，而是盯住目标，勇往直前。只要有坚强的意志，一个庸俗平凡的人也会有成功的一天；否则，即使是一个才识卓越的人，也只能遭到失败。

著名管理顾问威廉·安德森的办公室内有豪华的摆饰、考究的地毯，忙进忙出的人潮以及知名的顾客名单都在向人表明：他的公司的确成就非凡。但是，就在这家鼎鼎有名的公司背后，藏着无数的辛酸血泪。

安德森在创业之初的头六个月就把自己十年的积蓄用得一干二净，并且一连几个月都以办公室为家，因为他付不起房租。他也婉拒过无数的好工作，因为他坚持实现自己的理想。他也被拒绝过上百次，拒绝他的和欢迎他的人几乎一样多。

在整整七年的艰苦挣扎中，没有一个人听他说过一句怨言，他总在说："我还在学习啊。这是一种无形的、捉摸不定的生意，竞争很激烈，实在不好做。但不管怎样，我还是要继续学下去。"

安德森真的做到了，而且做得轰轰烈烈。有朋友问他："困境把你折磨得疲惫不堪了吧？"安德森却说："没有啊！我并不觉得那很辛苦，反而觉得从中可以获取受用无穷的经验。"安德森能在逆境中坚持到底，结果他成功了。

当一切都已远离、一切宣告失败时，忍耐力总可以坚守阵地，依靠忍耐力，许多困难，甚至许多原本已经失败的事情都可以起死回生。每个人在工作中难免会遇到一些挫折，但挫折是可以克服的，问题是能够解决的，最重要的是，要知道，挫折是走向成功的开始，而许多人之所以获得最后的胜利，只是受恩于他们的屡挫屡战。

一个没有遇见过大挫折的人，根本不知道什么是大胜利。事实上，只有挫折才能给勇敢者以果断和决心，只有在逆境中能够坚持到底的人才是最后的成功者。

看看"美国名人榜"的名人生平就知道，这些功业载入史册的伟人，都受过一连串的无情打击。只是因为他们都坚持到底，才终于获得辉煌成果。

7. 善于从错误中学习、成长

错误，是一面镜子，从中我们可以更加清楚地认识自己。记录错误是迅速成长的最佳方法之一，在体察自我，提高能力，避免再次犯错方面都具有非常巨大的效果。

有句古话说"吃一堑,长一智"。我们应该从错误中吸取教训,确保下次不犯同样的错误。

常言道:"智者千虑,必有一失。"一个人再聪明、再能干,也总有失败犯错误的时候。

人犯了错误往往有两种态度:一种是拒不认错,找借口辩解推脱;另一种是坦然承认错误,勇于改正,并找到解决的途径。

成功者之所以成功,也不是他不犯错误,而是他能吸取错误的教训,作为宝贵的经验。当再次面临同样的问题时,他能运用以往的经验而不再犯以前犯过的错误。

一个优秀的员工,遇到问题时会主动去解决,面对失误时会主动承担,能够对自己的失误负责,这样,不仅能以良好的人品、道德和人格魅力赢得别人的信赖,同时,也能在尽心尽力地履行职责的过程中提升自己的能力。

职场上,有些人本来具有出色的能力,却因为不具备尽职尽责的工作精神,在工作中出现疏漏,结果,让自己逐渐平庸下去。而另外一些人,刚开始在工作中表现得并不出色,但是他们不折不扣地履行其职责,想尽一切办法把自己的工作做到位,因而在事业上取得了不小的成就。

千万不要利用各种借口来推卸自己的过错,从而忘却自己应该承担的责任。借口只能让你的情绪获得短暂的放松,却丝毫无助于工作的落实。抛弃找借口的习惯,要勇于承认错误、分析错误,并为此承担责任,更重要的是从错误中学习和成长。抛弃寻找借口的习惯,成功就会离你越来越近。

松下幸之助说:"偶尔犯了错误无可厚非,但从处理错误的态度上,我们可以看清楚一个人。"老板欣赏的是那些能够正确认识自己的错误,并及时改正或补救错误的员工。勇于承认错误,你给人的印象不但不会糟糕,反而会使人尊敬你、信任你,你的形象反而会高大起来。

一个人无论从事什么样的职业,都应该尽心尽力地去履行职责。而那些以各种借口逃避责任的人,注定是要失败的。

作为一名员工,不应该因为胆怯而害怕承认错误,要知道回避错误比犯错误更可耻,这样的人连最起码的诚实都做不到;不应该相互推诿,斤斤计较过失的多少，因为既然犯了错，大家就都在一条水平线上，没有好坏之分；更不应该抱着搭便车的态度逃避责任，因为一旦放弃了经受挑战的机会，就等于放弃了成长和成功。

工作落实的同时就是给自己新的成长空间，就是给自己新的发展机遇，因此，我们应该不折不扣地履行职责，让自己做一个诚实、勇敢、自信的人。

杰拉德是美国一家公司的财务人员。一天，他在做工资表时，给一个请病假的员工定了个全薪，忘了扣除他请假那几天的工资。

杰拉德发现了这个错误后，找到这名员工，告诉他下个月要把多给的钱扣除。但是这名员工说自己手头正紧，请求分期扣除，但这么做的话，杰拉德就必须得请示老板。

杰拉德当然明白主动把这件事告诉老板，老板肯定会责怪他，但是杰拉德没有掩饰错误，更没有为此编造借口或理由搪塞老板，他比任何人都明白这件事情是因为自己的工作失误造成的，他要自己为这个错误负责，他决定到老板那儿承认错误。

当杰拉德走进老板的办公室，告诉老板自己犯的错误后，万万没有想到老板却帮他说话，老板很生气地指责这是人事部门的错误，但杰拉德再度强调这是他的错误。老板又大声指责这是会计部门的疏忽，当杰拉德再次认错时，老板站起来拍了拍杰拉德的肩膀，语重心长地说："嗯，不错，我坚持不说你所犯的错误，而指责别人，是为了看看你承认错误的决心到底有多大。好了，现在你去把这个问题按照你自己的想法解决掉吧。"

事情就这样解决了。因为杰拉德勇于承认自己的错误，从此以后，老板更加器重杰拉德了。

一个人做错了一件事，最好的办法就是老老实实认错，而不是去为自己辩护和开脱，这是一种做人的美德，也是一个为人处世、办事做事最高深的学问。犯了错误，肯定要承担一定的责任，要取得老板的谅解最好的办法就是，抢先一步到老板那里承认自己的错误，这样的话情况可能会更好一些。假如你在老板发现之前，就承认了自己的错误，并把责备自己、忏悔改过的话说出来，得到老板原谅的机会就大一些。

然而，有些人一见到自己的过失，不是找借口逃避就是将过失推给别人。其实，只要我们能够仔细、认真地分析出这些错误的原因，是很容易避免的。

在工作中，我们应该抛弃寻找借口的习惯，如果你觉得上司不够重视你，请不要埋怨上司，要先从自己身上找原因，看看是否因为自己能力不强或协调不当所导致；如果你不能完成公司交给你的任务，请不要抱怨太困难，要先检讨自己，看看自己是否已经尽力。对待工作，一定要不折不扣、尽心尽力地履行自己的职责，只有这样，才能更有效地去做工作。

可见，要想成功并非难事。只要我们愿意主动面对错误，在错误中不断地学习，并从中吸取教训，学得经验，就不会重蹈覆辙。只要我们有勇气认识错误、改正错误、弥补错误，就能取得成功。

错误产生时，要正确对待，这样才能对我们的工作有所帮助。而一味逃避，找借口，只能给我们带来无穷的挫败。

四、用专业精神托起肩上的担子

赢得未来被认为是人们需要的最高层次,员工要想赢得未来要通过不断提升自己来实现。在企业中,一个具有专业精神的员工,会在工作中不断地付出努力、不断地超越自己的目标。专业精神就是一个人对待自己工作的态度,这种态度决定了员工的竞争力。只有把工作当成自己的事,把工作的使命感和道德责任感糅合在一起,才能使专业精神更为光彩夺目,更能为自己赢得将来的成功机会。

1. 由内而外,全面造就专业精神

信奉专业精神,做真正的职业人,这是作为员工首先要明白的。人一生中扮演的角色有很多:学生、同学、子女、朋友……职业人也是其中的一种。我们能忠诚地做好其他角色,为什么就不能忠实地扮演好职业人这个很重要的角色呢?

作为一名员工,要想获得成功,你必须要做一行爱一行,干一行专一行,懂一行精一行。培养良好的专业精神,是从小事开始的。从小到大,由内而外造就你的专业精神。

日本有一项国家级的奖项,叫"终生成就奖"。它成为无数社会精英一辈子努力奋斗的目标,但其中有一届"终生成就奖",却颁给了一个

责任 忠诚 激情

"小人物"——清水龟之助。

清水原来是一名橡胶厂工人,后来转行做了邮差。在最初的邮差生涯中,他没有尝到多少工作的乐趣和甜头,于是在做满了一年以后,便心生厌倦和退意。这天,看到信袋里只剩下一封信还没有送出去时,他便想道:我把这最后的一封信送完,就马上去递交辞呈。

然而由于这封信地址模糊不清,清水花费了好几个小时的时间,还是没有把它送到收信人的手中。这将是他邮差生涯送出的最后一封信,所以清水发誓,无论如何也要把这封信送到收信人的手中。于是,他耐心地穿越大街小巷,东打听西询问,好不容易才在黄昏的时候把信送到了目的地。原来这是一封录取通知书,被录取的年轻人已经焦急地等待好多天了。当年轻人终于拿到通知书的那一刻,他激动地和父母亲拥抱在了一起。

看到这感人的一幕,清水深深地体会到了邮差这份工作的意义所在:"因为即使是简单的几行字,也可能给收信人带来莫大的安慰和喜悦。这是多么有意义的一份工作啊!我怎么能够辞职呢?"

此后,清水更多地体会到了工作的意义,深深地领悟了职业的价值和尊严,他不再觉得乏味与厌倦,一干就是25年。从30岁当邮差到55岁,清水创下了25年全勤的空前纪录。

清水的故事告诉人们,什么是真正的职业人,什么是真正的专业精神。作为员工你要向清水学习,忠心耿耿地去完成职位所赋予你的职责,做一个真正的职业人,由内而外地散发你的专业精神。

要时刻记着:你是一个职业人!要做真正的职业人,成就你自己!在工作中要时刻注意把自己的本职工作做好。把自己的工作做好比什么都重要。时间是考官,你只要一如既往地这样去做,终将会成功。塑造你真正的专业精神,做一个真正的职业人。

2. 专业精神决定一个人的工作品质

专业精神对企业至关重要。《ENN》杂志编辑埃尔沙·克兰斯说:"专业精神就是在专业技能的基础上发展起来的一种对工作极其热爱和投入的品质,具有专业精神的人对工作有一种近乎疯狂的热爱,他们在工作的时候能够达到一种忘我的境界。"

我们都有这样一个常识:无论做什么事,都希望有专家,认为专家的观点就是大家最信赖和最尊重的观点,因为,专家是某个特定领域专业技能最高的人,他代表着本行业或本领域的最高专业成就和水平,是最有权威的人,也是最具有专业精神的人。所以,大家都信赖他们。

作为员工,也要有专家的工作水平和工作精神,也要在自己的工作领域内成为工作的专家。不但要让自己的专业技术过人,更要让自己的工作态度、工作精神过人,这样才会有大好前途。所以我们都要做专家型员工,让自己的工作达到一个更高的境界。

其实,任何岗位都是一样的道理。一个员工仅仅有好的技能还不够,更重要的是要有高度的专业精神,只有拥有高度的专业精神,才会造就更专业的工作态度,才会保证工作技能的充分发挥,才能保证工作质量的上乘。

但是在工作中往往会出现这种情况:有些员工的业务水平和专业技能确实很高,但是他们由于缺乏专业精神,在工作中只完成公司交代的基本工作,有时候甚至还经常心不在焉,他们的水平往往不能得到完全的发挥,这样的员工当然不会做出更好的成绩。即使他们的工作完成了,也不一定能够保证质量。从这个角度来看,要做好工作,保证工作的质量,不仅要有专业技能,还要有专业精神。只有对自己的工作充满强烈的热爱,并竭尽全力发挥自己的技能，才能把工作做好。

只有专业精神才能保证制造出优良的产品，而产品的品质正是决定企业和个人未来发展的关键，以专业著称的日本名表西铁城，就是用专业的品质赢得市场、赢得成功的最好例子：

瑞士手表几乎是世界上最有名的手表了，它以其性能精准、持久耐用和款式经典雄踞世界100多年。但仍有其他国家的手表制造者想尝试与手表王国一争高下。

西铁城手表就是其中的一个。

当时，日本研制出了性能良好的西铁城手表，再一次向钟表王国发起了冲击。但是，想要在瑞士几乎垄断了手表业的情况下，打开产品销路真可以说是"难于上青天"。所以，西铁城刚上市的时候，并不受人赏识，根本无法打破瑞士手表控制手表行业的局面，造成了企业连续的亏损。为此，公司高级职员专门召开会议商量对策。"我们的手表质量过硬，可以尝试在公众面前做破坏性试验，通过这种公开的试验，让大家了解我们产品良好的性能和专业的质量，之后，也许大家就能接受我们的产品了。"这是很多人的看法。经过漫长的讨论，最终大家想出了一个奇异的方法。

几天后，西铁城宣布了一个令人震惊的消息：西铁城将用一架直升机从天空抛下一批西铁城手表，谁拾获手表，手表就归谁所有，并且明确了时间和地点。这个消息引起了很大的轰动和议论："他们的手表真的有那么好吗？""从飞机上扔下来，简直不可思议！"

到了那天，人们怀着好奇和怀疑的心情，像潮水般地涌向指定地点。指定的时间到了，只见一架直升机飞临人群的上空，在百米高空向人群旁的空地上洒下一片"表雨"。期待已久的人们，蜂拥上去捡表。抛下的表是如此之多，大家都有所收获。而捡获手表的人们在惊喜之余还发现西铁城手表在百米高空丢下后，居然还在走动，甚至连外壳都未受损害，忍不住对西铁城手表的质量连连称奇。人们不禁感叹："西铁城果真是质量精良，名不虚传啊！"

从此，西铁城深入人心，销路便一下打开了，西铁城也凭借着良好的产品质量成为世界知名的手表品牌。

西铁城的成功，完全是因为突出的产品质量，是质量赢得了人心，是产品品质赢得了西铁城的发展。我们也一样，只有专业的工作品质才是我们赢得美好未来的关键。一个企业，要具备良好的产品质量才能在商场中赢取市场占有份额，而一个人，只有具备了专业精神，才能在竞争中赢取主动、赢得未来。

在这样一个讲求专业精神的时代，我们追求的一技之长已经不能适应工作的需要，如果真正想在工作上表现得更杰出，受到更多的关注，就需要向那些具有专业精神的成功人士学习，做到用专业精神要求自己。而大多数成功人士的专业精神，都是在专业技能的基础上发展起来的，这是一种对待工作极其热爱和全身心投入的品质。具有这样品质的人，对工作有一种近乎完美的要求，他们在工作的时候不允许有任何差错，即使再小的环节，都要求达到最高的标准。他们对工作，有时候已经到达了忘我的境界。

对于一个员工而言，这种精神也是工作中不可缺少的。只有用专业精神来要求自己，要求自己的工作，才能在自己的工作领域里取得骄人的成绩。专业精神是在企业里越来越受到青睐的品质。企业关注的是效益，企业考查员工的业绩也主要是看他能够为公司创造多少效益，而效益的取得直接由员工的专业精神决定。企业需要具有专业精神的员工，员工需要在工作中拥有专业精神。

3. 专业技能决定了你的职业价值

开始工作之前要先估量一下自己的专业技能水平。技能是指顺利完成某种任务的动作活动方式或心智活动方式，包括操作技能和智力技能。专业技能水平的高低对于员工在行业中的成长具有关键作用。专业技能水平的高低决定了员工创造价值的大小，也同样决定了受到老板信任和器重的程度。

如果一个人对工作持敷衍了事的态度，不愿意潜心提高自己的专业水平，那么他就很难在工作中成长，从而获得成功。可以试想一下，专业技能平平的人，如何能够在工作中创造更大的价值，促进公司的不断进步？社会分工的细致，使得员工必须具备专业技能。而技能水平高低将决定员工是否会得到老板的器重。

专业技能是实现个人成长的敲门砖。任何人都不可能脱离专业技能之本而空谈发展之路，因此，专业技能决定了你的价值。

专业技能是专业精神的基础。如果把专业精神比作员工品质中的一座大厦，那么专业技能就是构筑这座大厦的根基。

决定工作品质的是员工的业务水平、专业技能，以及对本专业的投入程度。要想成为一名受到公司领导欣赏的有专业精神的员工，首先应该不断提高自己的专业技能。提高专业技能唯一的选择就是学习，并在实际的工作中不断实践。

专业精神更表现为一种对工作的态度。以服务业来说，很多人都把服务等价于专业技能，认为服务好的就是专业技能强的。例如，许多人认为营业员能够快速敲动电脑键盘、送货员送货上门的行为就是高质量的服务。但是，在这个过程中，他们的脸始终没有一点表情，甚至没有看过顾客一眼，这仅仅只能算是一次交易，而不是他们提供的一次优质服务。有一个社会学教授认为：服务就是5%的技术加95%的心理和态度，技术无论怎样有影响力，也只是一个工具而已。

你的专业技能是否在同行业中居于前列？也许你会说："我的工作普通得不能再普通了，我没有必要花费大量的时间和精力去研究它，更没有理由去费尽心机地提高自己的技能，只要能拿到工资就行了。"

你永远不能这么想。不管你所从事的工作普通也好，高端也罢，起码这份工作给予你维持生活的保障，也为你创造了实现奋斗目标的机会，为你的事业成功奠定了坚实的基础，还能为你提供一次又一次改变命运的机会。

现代社会的竞争形势如此激烈，一个人如果不能在某一工作上做到熟练地掌握专业技能，实现人生价值的目的就无从谈起，还会屡次遭受淘汰。选择了某一行业，就不要轻易改变自己的选择，因为相对稳定地在一个行业中发展，才能不断激发你的奋斗精神，才能使你全力以赴地投入到工作当中。同时，你才能在工作中获得成就感与满足感，才能不断挖掘和提升自己的潜能，使自己的成长道路更加顺利，使为自己提供工作机会的公司更上一层楼。

很多人由于对自己的人生目标还不确定，常常三心二意地不知将来要做什么。要知道，设定目标是一个人在职场中首先要做的功课，然后就是坚定地前行。途中当然应该停下来检视一下成果，以便能够更好地发展下去。但对于目标总是变来变去的人，多半是一事无成。如果不停地变换工作，那么你在任何行业永远都只是一个新手。因为不停地换工作，就是在使自己不停地适应新的工作，你根本没有机会和时间去提高自己的专业技能。

你是否抱着不断成长的态度对待自己所从事的专业？也许你会说："做这份工作根本就不需要长脑子，不至于整天把自己搞得像机器人一样；这种工作我压根就没有机会去实现我的伟大抱负，既然如此，只要得过且过地混日子就可以了；公司给我这么点工资，我拿什么去提高自己的专业技能……"

其实，任何人都是从普通人、普通岗位做起的，你在工作中的收获主要取决于你对工作的付出。如果你的专业水平不高，又不主动思考如何提高自己的专业水平，那你就永远没有成长的机会。

不要再把时间浪费在慨叹命运对自己的不公上，也不要再抱怨老板的吝啬和不通人情。要明白你的收获由你的付出决定，公司的发展需要你的努力，公司的进步要靠每一位员工的成长来推动。你只有不断提高专业技能，才能为公司的发展创造契机，才能成为公司真正需要的员工。

请你抱着这样的心态去不断提高你的专业技能吧！只有这样才能赢得老板的心，赢得属于自己的一片天空！

4. 专业态度是有力的竞争力

人在职场，所做的工作既是为了生活，也是为了谋求个人发展及自我价值的实现。每一个职场人士也必然都需要企业这个载体来承载和体现自己的价值，使自己闪光增值。那么，如何把自己的工作做好，使自己的职业生涯立足长远呢？专业态度无疑是一个极其重要的方面。尤其在一个人没有更多、更明显的优势时，积极的敬业精神和专业态度便是最大的资本和优势，是有力的竞争力。

倘若把出身和学历比作走向成功的阶梯，专业态度就是使一个人更快迈向成功的助推器。当今社会，专业态度已经成为竞争的决胜武器，专业知识的拥有很容易，技能的完善也不难，但只有专业态度才是区分个人价值的重要因素。

专业工作是一个态度问题，工作需要热情和行动，需要努力和勤奋，需要积极主动、自动自发的精神，一个人只有以这样的专业态度对待工作，才可能获得工作所给予的更多奖赏。

众所周知，除了少数天才，大多数人的禀赋相差无几。那么，是什么在造就我们和改变我们呢？是专业态度！专业态度是内心的一种潜在意志，是个人的能力、意愿、想法、感情、价值观等在工作中的外在表现。

平凡的工作，可以在专业态度中提升价值。专业态度决定工作成绩，虽然不能保证你具有了某种态度就一定能成功，但是成功的人们一定少不了这种专业的态度。

企业中普遍存在着三种人：第一种人得过且过，第二种人牢骚满腹，第三种人积极进取。现在请看他们的故事：

玛丽从来都是按时上下班，从不迟到早退；职责之外的事情一概不管，分外之事更不会主动去做。她总是以不求有功，但求无过为信条。

一遇到挫折，她最擅长的就是自我安慰："反正晋升是少数人的事，大多数人还不是像我一样在原地踏步吗？这有什么不好？我觉得这样反而有安全感。"

史密斯永远悲观失望，他似乎每天都在抱怨他人与环境，而且认为自己所有的不如意，都是由于环境造成的。

他常常自我设限，让自己本身无限的潜能无法发挥。他其实也是一个有着优秀潜质的人，然而，却整天生活在负面情绪当中，所以，他完全享受不到工作的种种乐趣。

桑迪总是积极地寻求解决问题的办法，即使是在项目受到挫折的情况下也是如此。因此，他总能让希望之火重新点燃。

因此，同事们都喜欢和他接触，他虽然整天忙忙碌碌，但始终生活在正面情绪当中，并时刻享受着工作的乐趣。

一年后，玛丽仍然做着她的秘书工作，上司对她的评价始终不好不坏。人们已经很久没有见到史密斯了，因为去年经济不景气，公司裁员，部门经理首先就想到了辞掉他。而桑迪还是那么积极进取，忙碌的身影依然随处可见，他已经被提升为销售经理，对他而言，新的挑战才刚刚开始。

在公司里，员工与员工之间在竞争智慧和比能力的同时，也在竞争专业态度。一个人的专业态度直接决定了他的行为，是尽心尽力还是敷衍了事，是安于现状还是积极进取。事实上，专业态度越积极，决心就越大，对工作投入的心血也就越多，那么，从工作中所获得的回报也相应地越多。

玛丽、史密斯、桑迪三人，一个面临失业的危险，一个已经被解聘，一个得到晋升。这并不是说得到晋升的桑迪比玛丽、史密斯在智力上更优秀，而是不同的专业态度所致的。尤其是在一些技术含量不高、大多数人都可以胜任的职位上，能为自己的工作表现增加砝码的，也就只有专业态度了。

那些慵懒怠惰的人、那些专业态度上不具备竞争力的人只注重事物的表象，无法看透事物的本质，他们只相信运气、机缘、天命之类的东西。看到他人工作出色，他们就说："那是天分。"看到人家屡次加薪，他们就说："那是幸运！"发现有人为老板所重用，他们就说："那是机缘。"

事实上，不管你所工作的机构有多庞大，甚至也不管它有多糟糕，每个人在这个机构中，都能有所作为。不管环境如何，卓越的工作表现，都需要具有积极的专业态度。

坚持这种专业态度很不容易，但最终你会发现专业态度会成为你个人价值的一部分。而当你体验到他人的肯定给你的工作和生活所带来的帮助时，你就会一如既往地秉持这种专业态度去做事。没有人不会犯错误，但无论处于何种境地，只要端正自己的专业态度，就可以找到属于自己的位置。人生不是没有专业态度的敷衍塞责，而是一个专业态度的完美执行。

专业态度就是竞争力，积极的专业态度始终是你脱颖而出的砝码。拥有它，你将在竞争激烈的职场中走得更顺利。

任何一个公司都需要把事情做到位的员工。能够做好自己的工作，是成功的第一要素。各行各业，人类活动的每一个领域，无不在呼唤能自主做好手中工作的员工。齐格勒说："如果你能够尽到自己的本分，尽力完成自己应该做的事情，那么总有一天，你能够随心所欲从事自己想要做的任何事情。"反之，如果一个员工凡事得过且过，从不努力把自己的工作做好，那么他永远无法达到成功的顶峰。

你改变不了环境，但可以改变自己；你改变不了事实，但可以改变专业态度；你改变不了过去，但可以改变现在；你不能控制他人，但可以掌握自己；你不能样样顺利，但可以事事尽心；你不能左右天气，但可以改变心情；你不能选择容貌，但可以展现笑容；你不能预知明天，但可以用好今天；你不能改变别人，但却能改变自己。

专业态度决定了结果，只有端正专业态度，才能让自己的能力价值得到最大限度的显现；只有端正专业态度，才能承载一个人全部的能力，经营好自己的事业，并用理想的业绩来证明自己的价值所在。

5. 在职场上做一等的专才

在职场上，如果你想和别人竞争，首先就要有一些自己有而别人没有的资源。这里所说的资源，就是指专业知识。

成功大师拿破仑·希尔博士曾说过："专业知识是这个社会帮助我们将愿望化成黄金的重要渠道。也就是说，你如果想要获得更多的财富，就应不断学习和掌握与你所从事的行业有关的专业知识。不管怎样，你都要在你的行业里成为一等的专才。只有这样，你才可以鹤立鸡群，出类拔萃，高高在上。"

一个人考取博士后，他选的那个导师要招的学生已满员，于是那位导师就将这位博士介绍给了另一位导师。但这位导师的研究方向与这位博士以前的方向差得太远，怎么办？这位导师考虑这位博士有计算方面的专长，就让他计算自己教研上的一个大家都知道但都因太麻烦而不愿计算的问题。三年的博士生活，这位博士就计算这么一个问题，当然他也达到了炉火纯青的地步。这个问题在数学上意义不大，但在通信信息上的意义却非同寻常，他也因此成了这一行业的专家。这位博士在三年的博士生活中虽然只学会了一种算法，别的方面没多大建树，但最终他却成功了。

这说明成功的前提是在某一方面要有很深的储备。我们身边有许多很会夸夸其谈的人，诸如，天文地理、经史子集，什么他都知道，但他仅限于知道别人的东西，而他自己却什么也没有。这样的人算成功吗？我们的答案是：他不能算成功，充其量是一个储备知识的机器。

现在社会分工越来越细，做一个全才很难。同时，社会需要的是合作精神，是学习能力。它不需要我们把一切知识都备好，但它需要我们有一种能力，一种需要什么马上就能学会什么的能力。这其中最现实的做法就是钻精钻透一种知识，并且在这一过程中学会学习，以应对将来的需要。当然，在钻研这门知识的过程中应尽可能地涉猎一些相关的知识以开拓自己的思维和视野。

因此，在工作中要想成为一个不可替代的人，你至少一定要掌握一门专业。没有专业，在工作岗位上你就是个可有可无的人。如果你所从事的工作，是什么人都可以做的，那么，你也就是那种无论什么时候、什么人都可以顶替的人。所以，要想成为办公室中的不可或缺者，成为人见人羡的成功人士，首先要做的便是掌握专业知识，成为行业的专才。

适应社会需要的人才才更具有竞争力。而在当今信息爆炸的时代，对人才的要求越来越高，专才更能适应社会竞争。

第一，随着社会分工的细化，与分工相对应的知识结构也越来越细，所以说，专业也向更加精尖的方向发展。对人才的要求同样趋于细化，趋于更高端，因此，对人才专业化的要求是十分明显的。

第二，适应社会竞争在于适应社会需要。人才与社会之间是双向选择的关系，全才选择面广，却只能被选择一次，而且还有不确定性。"机会每个人都能遇见，但并不是每个人都能兑现。"全面广博只是炫耀的资本，分工细化的现代社会，要求的是高精尖的人才，也就是专才。

第三，专才拥有某一领域内的专业知识和技能，会比全才更具有吸引力。而在复合交叉领域内，最终的研究与实现，也落实在单一领域。因为全才的个人专业缺乏效率，分工把精力集中于个别的领域，更有利于实现社会价值。

常言道：学无止境。对于一个身在职场的年轻人来说，即使你已经拥有了专业知识，也要不断地学习。如果你的专业知识矿藏只比别人丰富一点点，或者并不比别人丰富，甚至匮乏时，更应努力去学习。

无数事实表明：不断地充电学习，更新专业知识，与每天保持干练的形象同等重要。不断充电，可以让你了解所从事的行业和职位的最新资讯，适时地根据最新的职业要求，补充自己的技能。

要记住，在职场中，能够让你稳健立足乃至拥有很大发展空间的就是你的专业知识。

6.专业化的企业需要专业化的员工

人是企业的资源，企业的专业化程度要求人员专业化。专业化能力越强，代表企业的整体实力越强，企业的价值实现能力也越强，所以人员专业化的目的与企业的经营目的是一致的。

同一时代，总是有很多企业开始自己的创业和发展，可是最终能够存活下来的却寥寥无几，究竟是什么原因造成了这种结果呢？有研究发现，能生存20年以上的企业，已经算是长寿企业了。为什么会出现这样的怪现象呢？又是什么影响了企业的寿命呢？经过研究人们发现，原来，很多企业的致命顽疾竟然都是专业性太差。从中我们可以看出，并不是所有的企业都能够在竞争中取得胜利，只有那些具有专业特色的企业才能够冲破重重阻碍最终得到生存和发展。而企业的专业化取决于是否具有专业化精神的员工，在竞争激烈的市场条件下，企业最为缺少的不是那些空泛的管理理论，而是缺乏具有专业精神的人才。只有那些具有专业素质的员工，才是企业最需要的。

香港屈臣氏集团，在亚洲已经经营了175年。是什么让一个品牌屹立了一个多世纪？是什么让一个企业永葆青春活力？

面对世人的疑问，屈臣氏人有自己的解释："屈臣氏的长寿没有秘密，如果非要找到一个答案的话，我们认为是专业服务，让屈臣氏出类拔萃。"

责任　忠诚　激情

一位屈臣氏的高层管理者曾这样阐释屈臣氏的专业化:"我们是一家充满热诚拼劲,在专业管理下运作的企业。我们拥有优秀的人才,能适应世界各地的文化差异,因时制宜。我们致力创新求变,为顾客提供舒适的购物环境及优质的产品。"屈臣氏从一个名不见经传的小企业发展成为具有世界一流水平的企业,不能不说是专业精神的作用和功劳。

在屈臣氏集团,有一个SDG培训计划,专门为培养专业精神的员工而设,凡是工作认真、勇于承担责任、具有合作精神的员工,都有机会参与。大概过程是这样的:经过筛选后,被选中的员工要参加全方位的培训,包括以营销经验和知识为基础,集理论与实践于一身的课程。员工要参加户外体验营及领导工作坊、部门研讨会、日常业务会议、店铺巡视及在职训练。通过不同形式的培训,员工的领导才能、人际关系技巧、经营视野及个人发展都获得了提升,成为出色的专业人才。最后,员工还要在两次的报告演说中展示所长,才能完成整个培训计划。

这项计划不仅对个人有莫大的裨益,同时更有助于公司订立长远的人才培训方针。为了加强企业员工的专业化精神,加强员工的工作成效,屈臣氏的管理层每月都会向有关店铺经理了解员工的工作表现和同事之间的相互反映,而店铺业务部董事和人力资源经理也会进行讨论分析,从分店的营业额及整体表现来评估员工的能力,从而改善员工的专业技能和提升员工的工作效益。

"我们明白,生产优质的产品不能没有优秀的员工。"屈臣氏中国区董事、总经理艾立顿说:"这是屈臣氏175年来一直坚定不移的信念和原则。屈臣氏集团的大家庭不断地成长,直到现在已经拥有超过98000名员工,并且仍然保持不断增长的趋势。我们深深知道,在全球激烈的竞争中,在充满挑战的环境下,员工对于我们这个国际性集团的成功,是一个重要的因素。我们能够保持现在的专业水平,完全是员工的专业水平决定的,所以我们注重员工的专业培训和专业精神的培养,这也正是屈臣氏近两百年来一直发展的根本所在。"

也正是因为认识到了专业精神是企业发展的根本,屈臣氏集团管理层与员工一直保持着良好的伙伴关系，借助为员工提供不同类型的培训及学习的机会，不断提高个人的发展潜能和员工的专业技能。屈臣氏的管理者相信，在工作中取得优异的成绩，是一个员工多思考、多努力的结果，也是个人能力和专业精神的体现。这样的员工正是企业最需要的人。

正如屈臣氏的发展一样，一个企业要想在市场上取得竞争优势，首先需要一大批专业化的员工，为市场提供专业化的服务，这也是任何企业发展的必由之路。根据相关的统计，在中国，每年就会增加将近1800多种职业，而且还有逐步增加的趋势。在社会化大生产和社会化大分工的今天，由于市场经济的发展，企业需要更多的专而精的人才，需要那些对自己的专业钻得深、钻得透的专业化员工，而不是方方面面只能够"蜻蜓点水"的浮夸之人。

当一批立志于把各自的工作和所从事的行业做到最好、做到炉火纯青的人加入了一个企业，这些存在于员工身上的专业精神就会发挥出无穷的威力，它会促使每一个员工不断地提高自己的专业技能，在工作中做到精益求精，而也恰恰是这种精神，使一个企业的竞争战略得到实实在在的支撑。

如果一个企业中，每一位员工都能树立岗位的专业精神，把每个工作都做成品牌，如果每一个部门都能树立部门的专业精神，把部门做成企业的品牌，那么就能很好地缔造出一个企业的专业形象，把企业做成专业品牌。

参考文献

[1] 徐浩然，黄钰淇．做承担责任的好员工 [M]．北京：中国工人出版社，2009．

[2] 魏涞．责任——优秀员工的第一行为准则（修订版）[M]．北京：石油工业出版社，2009．

[3] 袁改敏．赢在忠诚：一部弘扬企业员工责任与情操的作品 [M]．北京：中国经济出版社，2006．

[4] 吴睿．做一个忠诚的员工 [M]．北京：中国时代经济出版社，2008．

[5] 崔生祥．员工爱岗敬业与忠诚教育 [M]．北京：中国言实出版社，2010．

[6] 李金水．忠诚敬业没借口：优秀员工最完美的工作态度 [M]．北京：海潮出版社，2007．

[7] 文逸．忠诚重于能力：500强员工职场第一戒律 [M]．北京：中国城市出版社，2007．

[8] 华业．专业精神：一切员工必备的信念与行为准则 [M]．北京：石油工业出版社，2008．

[9] 陆建辉．藏獒精神：金牌员工职业精神 [M]．北京：华夏出版社，2009．

[10] 于富荣．世界上最伟大的员工精神 [M]．北京：北京工业大学出版社，2009．

[11] 梁涛．企业员工战斗力训练读本：亮剑精神 [M]．北京：华夏出版社，2008．